Bibliografische Information der Deutschen Nationalbibliothek:

Die Deutsche Bibliothek verzeichnet diese Publikation in der Deutschen Nationalbibliografie; detaillierte bibliografische Daten sind im Internet über http://dnb.d-nb.de/ abrufbar.

Impressum:

Druck und Bindung: Books on Demand GmbH, Norderstedt Germany
ISBN: 9783656641858

Dieses Buch bei GRIN:

http://www.grin.com/de/e-book/271847/das-alpen-label-eine-chance-zur-vermarktung-landwirtschaftlicher-erzeugnisse

Philipp Preischl

Das Alpen-Label. Eine Chance zur Vermarktung landwirtschaftlicher Erzeugnisse unter einer gesamtalpinen Qualitätsmarke

GRIN Verlag

Friedrich-Alexander-Universität Erlangen-Nürnberg
Institut für Geographie

Zulassungsarbeit

für das Examen zum Lehramt an Realschulen

Das Alpen-Label

Eine Chance zur Vermarktung landwirtschaftlicher Erzeugnisse
unter einer gesamtalpinen Qualitätsmarke

Philipp Preischl

Eingereicht zum:
01.04.2010

Inhaltsverzeichnis

1. Einleitung

Das Kühlregal im Supermarkt bietet dem preisbewussten Käufer eine Menge Auswahl bei der Erfüllung seiner Ernährungsbedürfnisse. Die verschiedenen Hersteller befinden sich im Preiskampf, wobei viele auf eine möglichst kosteneffiziente Produktion setzen, welche zu besonders günstigen Preisen an den Konsumenten weitergegeben werden.

Aufgrund neuer Produktionsmethoden und Technologien ist es möglich, Agrarprodukte in Gebieten herzustellen, welche wirtschaftlich gesehen wesentlich günstiger produzieren können als die Alpenregion. Gleichzeitig hat sich der Mensch in seinen Bedürfnissen verändert. Der Qualitätsanspruch ist zunehmend der Bevorzugung eines geringeren Preises gewichen, die Ernährung ist heute kein so zentral überwiegendes Bedürfnis mehr wie es einst war. Nahezu von einem Strukturwandel ist zu sprechen: die zunehmenden Single-Haushalte, die Orientierung hin zu Restaurants und Fast Food und auch die zunehmende Erwerbstätigkeit der Frauen manifestieren einen Wandel in der Gesellschaft, welcher sich auch stark auf die Ernährungsgewohnheiten der Menschen niederschlägt und eine andere, veränderte Nachfrage nach Lebensmitteln entstehen lässt. Aufgrund dieser Nachfrage entstehen Produktlinien, welche speziell mit dem Vorteil des billigsten Preises werben - und der Konsument dafür die Qualitätsabstriche beim Konsum des Produktes in Kauf nimmt (www.coocoi.com.).

Doch nicht weit von diesen Lebensmitteln findet sich im Regal auch andere Kost, welche nicht selten durch besondere regionale Bezüge geprägt ist. Besonders bei Milch und Käse werden die Alpen häufig als Herkunftsort angegeben. Dieser alpine Bezug ist keine Randnotiz, sondern wird dem Konsumenten auf auffällige Art, beispielsweise durch besonders einprägsam gewählte Schrift und Bilder, gezielt vermittelt. Hintergrund dafür ist der Hinweis auf besondere Qualität, welche die Alpen-Milch und den Berg-Käse gegenüber der dagegen anonym wirkenden Massenware auszeichnen sollen.

An dieser Stelle würde der Kaufentscheid sicherlich zu Gunsten der Bergprodukte ausfallen. Allerdings lässt der Blick auf das Preisschild viele Konsumenten umdenken. Denn der Käufer steht nun vor der Wahl: Auf der einen Seite steht die Qualität eines alpinen Produkts aufgrund des biologischen Anbaus für viele Menschen außer Frage. Andererseits lässt der Preis den Konsumenten doch zu dem des Massenerzeugnis schielen, der - abhängig vom Produkt - um ein Vielfaches geringer ist und wiederum mehr finanzielle Spielräume für andere Güter lässt. Und bei vielen

Menschen, besonders in wirtschaftlich unsicheren Zeiten, fällt die Entscheidung letztlich zu Ungunsten des alpinen Qualitätsproduktes.

Dennoch zeichnet sich in den letzten Jahren ein Trend zu landwirtschaftlichen Erzeugnissen aus biologischem Anbau ab. Begünstigt wurde dieser durch Lebensmittelskandale wie die BSE-Krise, jedoch zeigt sich die Nachfrage nicht als temporäre Reaktion auf Tierseuchen und ähnliches, sondern konnte in den letzten Jahren weiter steigen (www.tagesschau.de). Diese Gelegenheit stellt eine Chance für den Alpenraum dar, den Absatz Ihrer Produkte bei zielgerichteter Vermarktung auszubauen.

Was kann Menschen bewegen, trotz höherem Preis die alpinen Produkte zu kaufen und den angeschlagenen landwirtschaftlichen Sektor zu unterstützen? Diese und weitere Fragen sollen in dieser Arbeit im Kontext zu einer gesamtheitlichen alpinen Vermarktung unter einer Qualitätsmarke stehen und erörtert werden. Dazu wird die Theorie sowie die Chancen und Probleme der alpinen Vermarktung mittels eines solchen Alpen-Labels sowie die praktische Umsetzung der Produktlinien und deren Marketing im Mittelpunkt stehen. Auch einige im Alpenraum aktive Vereinigungen werden kurz vorgestellt und bestehende, regional operierende Qualitätsmarken sowie die Unternehmen dahinter vorgestellt. Zunächst soll jedoch ein Überblick über die landwirtschaftlichen Gegebenheiten und die wirtschaftliche Situation im Alpenraum die Notwendigkeit dieses Vorhabens unterstreichen.

2. Methodik

Während der Erstellung der vorliegenden Arbeit wurden verschiedene Arbeitsmethoden angewandt. Zum Einen wurden Informationen aus vielen Fachbüchern, Aufsätzen und anderen Quellen im Kontext der Thematik gesammelt, analysiert, bewertet und aufbereitet.
Ferner kamen mehrere Experten zu Wort, deren Ansichten aus schriftlichen Quellen teils wörtlich, teils indirekt zitiert wurden. Auf die selbe Weise fanden auch die Beiträge aus persönlich geführten Interviews den Einzug, welche direkt den entsprechenden Themenbereichen zugeordnet wurden.
Weite Teile der Arbeit, welche sich mit der Marketingtheorie alpiner Produkte befassen, basieren auf den allgemeinen betriebswirtschaftlichen Vermarktungsgrundsätzen aus den jeweiligen zitierten Fachbüchern. Diese wurden vom Autor in den Zusammenhang mit dem Marketing der alpinen

landwirtschaftlichen Erzeugnisse gebracht. Die Theorie der gesamtheitlichen alpinen Vermarktung unter einer Qualitätsmarke wurde unter Inbezugnahme aller diesbezüglich zur Verfügung stehenden Quellen und Meinungen entworfen und vom Autor erweitert.

3. Die Struktur der alpinen Landwirtschaft

Um die landwirtschaftliche Nutzung im Alpengebiet geographisch vorstellbar und greifbar zu machen, sind hier die wesentlichen Strukturen und ihre derzeitige wirtschaftliche Stellung kurz beschrieben:

Abb.1: Agrarstrukturregionen im Alpenraum

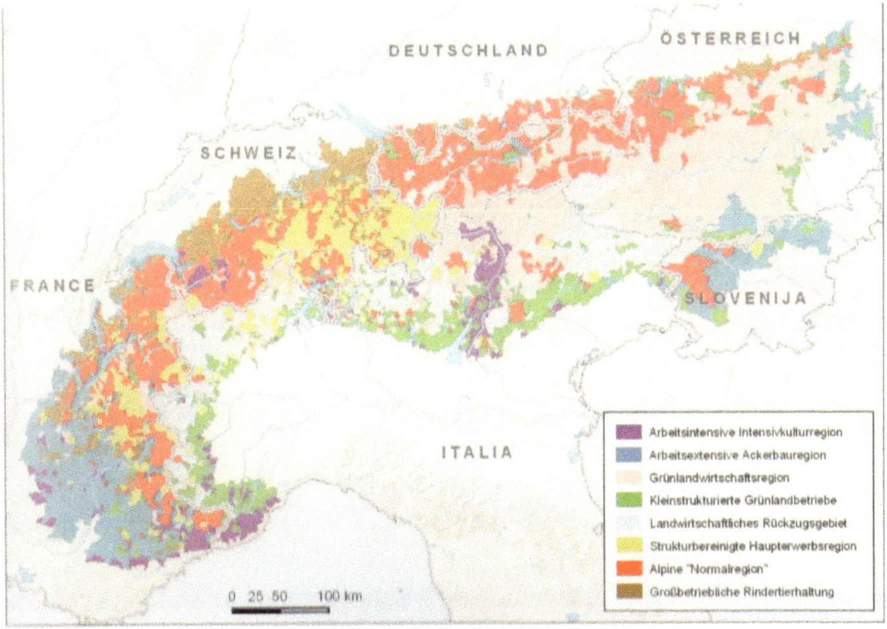

(TAPPEINER, U. et al. 2006: S.29)

In der Arbeitsintensiven Intensivkulturregion herrscht ein vorwiegend mildes Klima, welches den Anbau eben dieser Intensivkulturen wie Obst, Wein, Gemüse, aber auch Blumen begünstigt. Die oft kleinen Betriebe arbeiten sehr produktiv bei einer hohen Arbeitsintensität. In diesen Regionen sind die Hofaufgaben vergleichsweise gering, auch die landwirtschaftlich ungenutzten Flächen verändern sich kaum. Der Arbeitsintensiven Intensivkulturregion ist daher eine durchaus stabile wirtschaftliche Situation zu attestieren.

Pessimistischer ist die Gesamtlage hingegen in der Arbeitsextensiven Ackerbauregion zu bewerten. Charakterisierend für diese Gebiete sind Gunstlagen mit wenig Hangneigungen, gemäßigten Höhenlagen und geringer Reliefenergie. Der Ackerbau und Dauerkulturen kennzeichnen die landwirtschaftliche Nutzung dieses Gebiets. Die Anzahl der Aufgaben dieser meist großen Betriebe dieses Strukturtyps ist verhältnismäßig hoch.

In der Grünlandwirtschaftsregion ist neben der Spezialisierung auf die Viehwirtschaft auch der Tourismus eine tragende wirtschaftliche Säule. Die Region zeichnet sich durch hohe ökonomische Stabilität aus, was an den geringsten Betriebsaufgaben aller Strukturtypen und einem ausgeglichenen Wanderungssaldo deutlich wird.

Die Kleinstrukturierten Grünlandbetriebe weisen eine sehr geringe landwirtschaftliche Nutzfläche und hohe Arbeitsintensitäten auf. Diese Arbeitsintensität beruht jedoch im Vergleich zur Arbeitsintensiven Intensivkulturregion auf einen Mangel an Alternativen. Immer mehr Flächen werden zur Brache. Auffällig ist zudem das überdurchschnittlich hohe Alter der Betriebsinhaber.

Im Landwirtschaftlichen Rückzugsgebiet ist die Reliefenergie und die Hangneigung vielerorts sehr hoch. Die aufwändige Bewirtschaftung dieses Gebiets drückt sich einerseits in der geringen Betriebsstruktur, zum anderen im hohen Prozentsatz an brachliegenden landwirtschaftlichen Nutzflächen aus. Das Agrarwesen hat sich in dieser Region nahezu vollständig zurückgezogen.

In der Strukturbereinigten Haupterwerbsregion müssen im Vergleich die meisten Betriebe aufgeben. Allerdings bleibt der zu erwartende hohe Zuwachs an brachliegenden Agrarflächen aus. Dies begründet sich dadurch, dass sich die Hofaufgaben meist auf Nebenerwerbsbetriebe beschränken, während sich die Landwirtschaft meist auf intensiv bewirtschaftete Haupterwerbsbetriebe konzentriert. Im allgemeinen ist die Struktur und Dynamik nicht direkt mit den übrigen Regionen vergleichbar - die Strukturbereinigte Haupterwerbsregion ist besonders auf schweizerischem Terrain sehr großflächig, weshalb die Vorgänge wesentlich von der eidgenössischen Agrarpolitik geprägt sind.

Die Alpine Normalregion bewegt sich in Richtung einer Nebenerwerbslandwirtschaft. Nur ein vergleichsweise geringer Anteil der Erwerbspersonen verdient sein Geld im Agrarwesen, die Betriebsaufgaben sind moderat. Die Bedeutung der Alpinen Normalregion als Tourismusziel beschreibt in Zusammenhang mit der steigenden Anzahl an Nebenerwerbsbetrieben die Entwicklung dieser Region.

Die Region der Großbetrieblichen Rindertierhaltung verfügt aufgrund von moderaten Höhenlagen und dem verhältnismäßig flachen Relief, hohen Anteilen an landwirtschaftlichen Nutzflächen und einem hohen Faktor an Beschäftigen in der Landwirtschaft über einen starken Agrarsektor. Die Höfe sind per Definition meistens als Großbetriebe zu klassifizieren, welche von den jungen Inhabern meist hauptberuflich geführt werden. Fast alle Unternehmen sind auf Weideviehhaltung spezialisiert, kein anderer Strukturtyp kann eine derart hohe Spezialisierung aufweisen (Tappeiner, U. et al. 2006: S. 27ff).

3.1 Landwirtschaftliche Betriebstypen

Die vielfältigen Betriebstypen im Alpenraum lassen sich in 3 Hauptkategorien zusammenfassen.

3.1.1 Acker-Alp-Betriebe

Acker-Alp-Betriebe finden sich in den Französischen Alpen (ohne Alpenrand Grenoble – Genfer See), in den italienischen Alpen mit Ausnahme von Südtirol, in den Kantonen Wallis und Tessin sowie in Teilen von Graubünden und dem Oberinntal. Der Ackerbau ist hier traditionell stärker ausgeprägt als die Viehzucht. Im europäischen Vergleich zeigen sich die Strukturen aufgrund der Vielzahl an kleinen Betrieben, der hohen Besitzzersplitterung und der Realteilung nachteilig. Die Acker-Alp-Betriebe gehen in allen Ländern stark zurück, lediglich an den Gunststandorten finden sich noch höhere Konzentrationen von großen Betrieben.
In den Talböden werden Spezialkulturen angebaut, im Gebirgsraum dominiert die Viehwirtschaft. Letztere arbeitet zwar wirtschaftlich rentabel, jedoch unter hoher Belastung der Umwelt und nicht im Sinne der ökologische Nachhaltigkeit.

3.1.2 Wiesen-Alp-Betriebe

In weiten Teilen der Schweizer Alpen, den Bayerischen Alpen, den Österreichischen Alpen mit

Ausnahme des Oberinntals, in Südtirol und dem Alpenrand Grenoble-Genfer See finden sich Wiesen-Alp-Betriebe. Im Gegensatz zu den Acker-Alp-Betrieben ist hier die Viehwirtschaft seit jeher dominanter gewesen. Die geringe Parzellierung, das Anerbenrecht und die großen Höfe prägen diese Region. Wirtschaftlich gesehen stehen die Betriebe vergleichsweise gefestigt da, sind aber seit dem Ende des Zweiten Weltkriegs in der Zahl stark zurückgegangen, während sich die Betriebsgrößen erhöhten. Auch die Betriebe, die strukturell betrachtet die besten Voraussetzungen genießen, waren von den Rückgängen betroffen.

3.1.3 Sonderkulturbetriebe

Auf den großen inner- und randalpinen Talböden mit dem günstigen Klima der inneralpinen Trockenzonen und Einflüssen aus der Mittelmeerregion sind im vergangenen Jahrhundert Betriebe entstanden, welche sich auf den Anbau von Sonderkulturen (Gemüse, Obst, Wein) konzentrieren. Aufgrund der modernen Struktur und zeitgemäßen Art der Produktion konnten sich die Betriebe und ihre Erzeugnisse am europäischen Markt behaupten.

Während bei den Wiesen-Alp-Betrieben eine Substanzerhaltung oder eine Substanzstärkung, unter der Voraussetzung der Abkehr von wirtschaftlich und umwelttechnisch bedenklichen Monostrukturen, plausibel erscheint, ist die Situation bei den Acker-Alp-Betrieben stark reformbedürftig. Diese Form der Landwirtschaft wird nur fortbestehen können, wenn sich der Anbau und die Strukturen ändern. Potentiale sind durchaus vorhanden, da die traditionellen Produkte wie Kastanien, Kräuter und Beeren als Qualitätsprodukte am Markt gute Absatzchancen haben.

Nahezu alle Betriebe haben sich lange Zeit gemäß der traditionellen Landwirtschaftspolitik auf hohe Produktionsquantität und niedrige Preise fokussiert. Diese war jedoch im Preiskampf nicht ausreichend und führte zu wirtschaftlichen Schwierigkeiten und einem nicht mehr umweltverträglichen Anbau, welcher auch dem Landschaftsbild nicht zuträglich war. Aufgrund der geringen Erfolgsaussichten der alten Konzeption liegt eine Möglichkeit zur Rückkehr zu wirtschaftlicher Stabilität und Stärke in einem Strategiewechsel. Demnach sollen mit Qualität statt Quantität die Ressourcen des Alpenraumes wieder rentabel an den Verbraucher gebracht werden.

3.2 Wirtschaftliche Betrachtung der Hauptalpenstaaten

Betrachtet man die Alpen hinsichtlich ihres landwirtschaftlichen Outputs genauer, lassen sich folgende Ergebnisse, differenziert auf Länderebene, der wesentlichen Alpenstaaten feststellen:

3.2.1 Italienische Alpen

In den italienischen Alpen sind die landwirtschaftlichen Betriebe zwar in hoher Zahl vorhanden, sind jedoch meist stark überaltert und wirtschaftlich betrachtet kaum konkurrenzfähig. Extrem geringe Viehzahlen und die sehr geringe Anzahl an Betrieben, welche haupterwerbsmäßig agieren können, untermauern dies.

Trotzdem existieren durchaus moderne Großbetriebe, wie etwa Tierfabriken, Molkereien und Unternehmungen, welche sich in erster Linie auf Obst, Wein und Gemüse spezialisiert haben. Die Nahrungsmittelproduktion im italienischen Teil der Alpen wird davon zu einem erheblichen Teil bestimmt. Ausgehend vom Stand des Jahres 1992 waren immerhin etwa die Hälfte des wirtschaftlichen Outputs von Obst- und Weinbaubetrieben von geringer Fläche dominiert. Die kleineren Betriebe hingegen können unter gleichbleibenden Bedingungen einen baldigen Kollaps kaum vermeiden.

Die Ausnahme im italienischen Alpenbereich stellt Südtirol dar: Sowohl die Förderung der Landesregierung als auch die im Landesvergleich einzigartigen Strukturen der Agrarwirtschaft ließen die Betriebe bisher weiterhin fortbestehen. Lediglich ein Rückgang der landwirtschaftlichen Betriebe von 0,6 Prozent in den Jahren von 1982 bis 1990 beweisen eine vergleichsweise gute wirtschaftliche Ausrichtung. Keine andere Region im Alpenraum kann eine derart geringe Zahl an betrieblichen Aufgaben vorzeigen.

3.2.2 Französische Alpen

Die französischen Alpen können zwar mit 54 Prozent auf einen relativ hohen Anteil an Haupterwerbsbetrieben verweisen, doch die Anzahl der Betriebe insgesamt ist verhältnismäßig gering. Zahlreiche alteingesessene kleine Betriebe sind längst verschwunden – noch weitaus früher, als dies in der italienischen Alpenregion der Fall war.
Die modernen Betriebe in den klimatisch günstigen Tallagen sind ackerbaulich hoch spezialisiert, in den Südalpen finden sich vor allem sehr große Viehbetriebe.

3.2.3 Alpengebiete in der Schweiz, Österreich und Bayern

Hier fällt bei der genauen Betrachtung der landwirtschaftlichen Nutzung die vergleichsweise hohe Zahl an Viehwirtschaftsbetrieben auf. Verglichen mit dem weiteren Alpenraum sind diese Unternehmungen zwar wirtschaftlich potent, dennoch sind die Rückgänge auf allen drei Landesebenen nicht von der Hand zu weisen.
Das Schlusslicht bildet hinsichtlich dieser Betrachtung das Land Österreich, welches nur einen Prozentsatz von 36 an Haupterwerbsbetrieben vorweist. Allerdings relativiert sich diese auf den ersten Blick wirtschaftlich prekäre Lage durch die hohe Anzahl an Nebenerwerbsbetrieben und dem Einkommen aus dem Tourismus.
Besser dagegen geht es den schweizer Betrieben, doch der Spitzenreiter hinsichtlich den betrieblichen Viehmengen stellt die Bayerische Bergwirtschaft.

3.2.4 Slowenische Alpen

In den slowenischen Alpen trifft man im Vergleich zum restlichen Alpengebiet auf komplett gegensätzliche Strukturen und Voraussetzungen. Hier ist die Landwirtschaft stark vom Sozialismus geprägt. Planmäßig sollte hier der primäre Sektor vom Staat gelenkt und großbetrieblich organisiert werden, was jedoch im Grenzgebiet der slowenischen Alpen nicht konsequent durchgesetzt wurde. Die Strukturen aus den Vorkriegsjahren, welche meist sehr klein ausfielen, bleiben daher vielerorts erhalten.

Mit der Privatisierung nach dem Ende des sozialistischen Regimes stieg die Anzahl an Betrieben wieder stark an. Dennoch sind die Betriebe meist äußerst klein und von schlechter Ausstattung, was sich auch in der Zahl der Haupterwerbsbetriebe manifestiert: Eine Quote von lediglich 19 Prozent lässt vermuten, dass der baldige Rückgang hier kaum aufzuhalten ist. (BÄTZING 2009: S. 205f)

3.3 Fallstudie: Strukturwandel im Schweizer Berggebiet

Die Entwicklung und die Probleme im Schweizer Berggebiet sind in weiten Teilen stellvertretend für die des gesamten alpinen Raumes. Die Schweizer Landwirtschaft befindet sich seit der Globalisierung der Märkte unter starkem Preisdruck und ist in hohem Maße von den Subventionen des Bundes abhängig (TAPPEINER et al. 2003: S. 40ff). Zudem ist der gesamtwirtschaftliche Beitrag ziemlich gering. 2003 lag der Anteil der Landwirtschaft bei lediglich 1,3 Prozent des BIP. Hohe Bedeutung genießt die Milchviehwirtschaft, welche bevorzugt in den Bergregionen betrieben wird. Weitverbreitet ist auch der Anbau von Kartoffeln, Weizen und Gerste, welche eher in Tallagen und im Mittelland angebaut werden. (NUSSER 1997: S. 197, de.encarta.msn.com).

An dieser Stelle soll der Strukturwandel und die Auswirkungen auf die Erwerbstätigkeit anhand detaillierter Zahlen verdeutlicht werden.

3.3.1 Strukturwandel

Der Strukturwandel in der Schweizer Alpenregion ab 1970 manifestiert sich in den abnehmenden Arbeitsplätzen in der Landwirtschaft und der Industrie bei gleichzeitiger Zunahme des Dienstleistungssektors (Abb. 2 und Abb. 3)

Abb. 2 Entwicklung der Sektoralstruktur nach Arbeitsplätzen (Zentren)

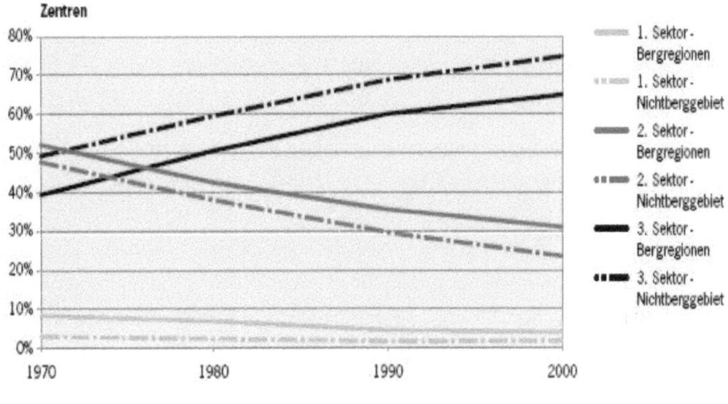

(HORNUNG, RÖTHLISBERGER 2005: S. 59)

Abb. 3 Entwicklung der Sektoralstruktur nach Arbeitsplätzen (Umland)

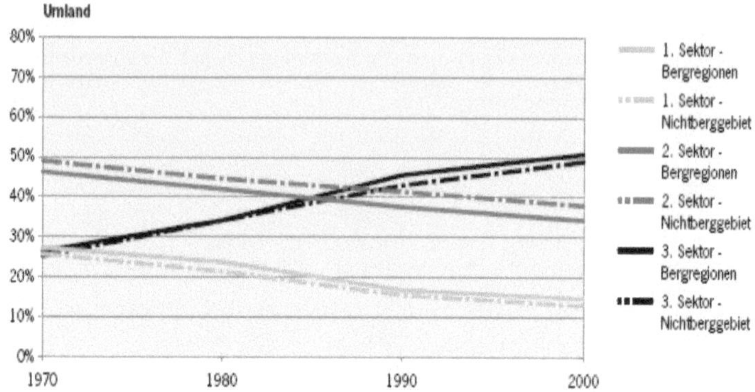

(HORNUNG, RÖTHLISBERGER 2005: S. 59)

Aus den Abbildungen wird zunächst ersichtlich, dass der Strukturwandel in der Schweiz sowohl in den Berggebieten als auch in den Nichtberggebieten einsetzt.

Ferner zeigt sich eine stetige Entwicklung der Dienstleistungen zum wirtschaftlich dominanten Sektor. Während die Zentren in den Bergregionen bereits zu Beginn der 70er Jahre die meisten Arbeitsplätze im tertiären Sektor auswiesen, erfolgte die Wende im Umland erst Mitte der 80er Jahre (HORNUNG, RÖTHLISBERGER 2003: S.5 8). Die nachfolgende Grafik beschreibt die Sektoralstrukturen genauer.

Abb. 4 Anteile wohnhafter Erwerbstätiger in den jeweiligen Sektoren

Anteile wohnhafter Erwerbstätiger in den jeweiligen Sektoren am Total der Erwerbstätigen in %*

	1. Sektor			2. Sektor			3. Sektor		
	gesamt	Zentren	Umland	gesamt	Zentren	Umland	gesamt	Zentren	Umland
Bergregionen									
1990	7.9	4.5	12.6	35.1	34.5	35.9	57.0	60.9	51.5
2000	6.9	4.2	10.5	30.3	29.4	31.6	62.8	66.5	57.9
Nichtberggebiet									
1990	3.2	1.8	11.3	30.6	29.7	36.5	66.2	68.5	52.2
2000	3.0	1.9	8.9	24.9	23.7	31.6	72.1	74.4	59.6
Schweiz total									
1990	4.2	2.3	11.9	31.6	30.5	36.2	64.2	67.3	51.9
2000	3.9	2.3	9.6	26.1	24.6	31.6	70.0	73.1	58.8

(HORNUNG, RÖTHLISBERGER 2005: S. 53)

Im Vergleich zum Schweizer Mittelland arbeiten in den Bergregionen verhältnismäßig viele Menschen in der Landwirtschaft oder in industriellen Betrieben. Der Anteil an Beschäftigten im Dienstleistungsbereich hingegen offenbart sich als vergleichsweise gering (Abb. 4).

Das Umland zeigt sich hinsichtlich der Sektoralstruktur im Mittelland und der Bergregion recht ähnlich. Betrachtet man ausschließlich die Zentren, fällt auf, dass die Unterschiede zwischen beiden Gebieten deutlich ausgeprägter sind (HORNUNG, RÖTHLISBERGER 2003: S. 53).

Diese Erkenntnisse sind jedoch nicht bedingungslos auf jede Region übertragbar. Die Sektoralstruktur im Schweizer Berggebiet zeigt sich heterogen: In manchen voralpinen Regionen wie dem Oberen Emmental oder dem Luzerner Berggebiet ist der Anteil an Erwerbstätigen in der Landwirtschaft am höchsten. Traditionelle Industrieregionen (Jura, Glarus) wiederum weisen die meisten Beschäftigten im sekundären Sektor aus. In touristisch geprägten Gebieten wie den Berner Alpen oder dem Tessin sind die Menschen überwiegend im tertiären Sektor beschäftigt (HORNUNG, RÖTHLISBERGER 2003: S. 55).

3.3.2 Erwerbsquoten

Die Erwerbsquote beschreibt den Anteil an Personen, welche einer beruflichen Tätigkeit nachgehen oder suchen, an einer bestimmten Vergleichsgruppe. Bei der folgenden Betrachtung wird zwischen Bruttoerwerbsquote und Nettoerwerbsquote unterschieden.

Die Bruttoerwerbsquote im Berggebiet geht von der Gesamtheit aller (regionalen) Erwerbspersonen aus und setzt diese in Relation zur Gesamtbevölkerung in dieser Region. Gemäß dieser Rechnung läge die Bruttoerwerbsquote bei 51,4 Prozent. Der Landesdurchschnitt liegt mit 54,2 Prozent um fast 3 Prozent höher.

Die Nettoerwerbsquote legt einen etwas differenzierten Rechenweg zugrunde, indem sie die Erwerbspersonen auf das Alter zwischen 15 und 64 Jahre beschränkt und ihren Anteil an der Gesamtbevölkerung in der selben Alterskategorie misst. Mit 77,6 Prozent liegt die Nettoerwerbsquote nun deutlich näher am entsprechenden Landesdurchschnitt, der hier 78,9 Prozent beträgt.

Anhand dieser Zahlen und ihrer jeweiligen Diskrepanz ist unter anderem zu erkennen, dass die Erwerbsbeteiligung im Berggebiet geringer ist als im Nichtberggebiet. Allerdings fällt der

Unterschied bei Betrachtung der Nettoerwerbsquote nicht mehr so deutlich aus wie bei der Bruttoerwerbsquote. Der Grund dafür liegt in der Ausklammerung der Bevölkerung unter 15 und über 64 Jahren, die im Berggebiet demnach vergleichsweise stark vertreten ist (HORNUNG, RÖTHLISBERGER 2003: S. 60ff).

Betrachtet man die Erwerbsquoten geschlechterspezifisch, ist festzustellen, dass Frauen sowohl im Berggebiet als auch im Nichtberggebiet in geringerem Umfang erwerbstätig sind als Männer. Darüber hinaus sind Frauen im Berggebiet zu einem geringeren Anteil erwerbstätig als die Frauen in der übrigen Schweiz (nach der Netto-Berechnung). Vergleicht man auch hier die Zentren mit dem Umland, ist zu erkennen das Frauen in den Zentren höhere Nettoerwerbsquoten aufweisen (HORNUNG, RÖTHLISBERGER 2003: S. 63).

3.4 Quo vadis, alpine Landwirtschaft?

Wie in den vorliegenden Tendenzen deutlich zu erkennen ist, stehen der Landwirtschaft aktuell einige Herausforderungen bevor. Noch dramatischer zeigt sich die prognostizierte Entwicklung in der näheren Zukunft, und dies in allen Ländern für nahezu sämtliche Anbauformen. Ohne einschneidende Veränderung scheint vielerorts ein Kollaps kaum abwendbar. Daher wurden von verschiedenen Experten des Alpenraums bereits Lösungsvorschläge entwickelt, welche teilweise die Grundlage für die Idee einer gesamtalpinen Vermarktung unter einer einheitlichen Qualitätsmarke bildet.

- Nachhaltige Landnutzung
  Die Landwirtschaft im Alpenraum hat nur dann eine Zukunft, wenn sie nach hohen ökologischen Standards ihre Arbeit fortsetzt. Dies muss konsequent beherzigt und von allen Betrieben als oberste Priorität angesehen werden. Auch für die alpine Vermarktung, auf welche in der vorliegenden Arbeit der Fokus gesetzt ist, ist diese verträgliche Art der Bewirtschaftung von enormer Wichtigkeit.

- Qualitätsstandards
  Die *Alpine Landwirtschaft* kann auf Dauer nicht mit der Massenproduktion in der Lebensmittelindustrie Schritt halten. Deshalb muss der quantitative Anspruch an die Produkte in den Hintergrund gestellt werden, um gleichzeitig die Möglichkeiten zu schaffen, die Produktion stark an hohen Qualitätsansprüchen auszurichten. Dies schafft die Basis für

eine regionaltypische, beziehungsweise sogar ortstypische Differenzierung der landwirtschaftlichen Erzeugnisse. Für die Vermarktung dieser Güter ist der hohe qualitative Standard eine unverzichtbare Grundlage.

- Vernetzung mit anderen Wirtschaftsbranchen
  Um die Berglandwirtschaft zusätzlich zu fördern, ist es ratsam, alle Wirtschaftskräfte im Alpenraum zu bündeln und mit dem Agrarsektor zu koppeln, um Synergieeffekte aufbauen und nutzen zu können. Besonders naheliegend erscheint eine enge Verflechtung mit der Tourismusbranche. Hier können Urlauber direkt für landwirtschaftliche Erzeugnisse der Bergregionen sensibilisiert werden und auch über die näheren Hintergründe der Produktion aufgeklärt werden, was möglicherweise Verständnis für die wenig komfortable Situation der Bauern und Betriebe erweckt und zum Kauf alpiner Produkte bewegt. Besonders ein Urlaub auf einem bergbäuerlichen Anwesen würde sicherlich die Solidarität mit der jeweiligen Region und den Alpen insgesamt erhöhen. Hier sind sowohl die Landwirte als auch die Tourismusverbände gefordert, aufeinander zuzugehen und diese neuen Wege zu beschreiten, welche für beide Seiten viele Potentiale und Vorteile verspricht (BÄTZING 2009: S. 205ff).

Eine Veranschaulichung, welche diese drei Leitgedanken beinhaltet, wäre das Beispiel einer idealtypischen Wertschöpfungskette, wie sie BÄTZING formulierte. Auf Grundlage der Aufwertung einer Schafrasse, welche als selten und fast ausgestorben gilt, können mehrere Wirtschaftszweige profitieren.
Die Zucht auf den Almen würde hierbei ganz gezielt auf nachhaltiger Basis beruhen und die Qualität strengstens überwacht werden. Das wertvolle Endprodukt, das Fleisch des Tieres, würde dann auf verschiedene Weise vermarktet, entweder direkt in Restaurants in der Region in Form von regionaltypischen Gerichten oder auf anderen Vetriebswegen.
Die Schafswolle wiederum könnte handwerklich genutzt werden. Hierbei ist die Weiterverarbeitung zu verschiedenen anderen Produkten denkbar, welche dadurch einen starken regionalbezogenen Charakter erhalten. Diese Individualität kann wiederum als ein Synergieeffekt zu weiteren Branchen, wie zum Beispiel der des wirtschaftlich wichtigen Tourismus fungieren. Geführte Wanderungen zu den Weidegebieten der Schafe könnten den wirtschaftlichen Output beider Branchen stärken.

Natürlich sind derartige Wertschöpfungsketten kaum von Einzelpersonen aufzubauen und zu organisieren. Um diese Wirtschaftsweise effektiv zu gestalten, sind demnach ganz neue Strukturen notwendig (BÄTZING 2009: S. 241f). An diesen reformbedürftigen Punkten setzt die Theorie einer ganzheitlichen alpinen Vermarktungsstrategie an, deren Idee sich zwar im Rahmen der vorliegenden Arbeit vorläufig noch auf das Kerngeschäft des Lebensmittelmarketings fokussiert, aber die Augen vor zukünftigen weiteren Absatzmöglichkeiten bis hin zum großflächigen „Alpen-Merchandising" nicht verschließen will.

Da die Landwirtschaft und ihre wirtschaftliche Leistung und Konkurrenzfähigkeit trotz der negativen Tendenzen, welche nahezu allen Regionen gemein sind, mitunter auch starke Unterschiede aufweist, sind diese Ideen, welche zudem relativ allgemeingültig formuliert sind, nicht generell auf jede Situation und jedes Land übertragbar. Die Umsetzung muss daher von der groben Leitidee ausgehend auf die jeweiligen regionalen Besonderheiten zugeschnitten sein und angepasst werden, um Erfolge, vor allem in ökonomischer Hinsicht, erkennbar werden zu lassen und die negativen Tendenzen der bergbäuerlichen Landwirtschaft so bald wie möglich zu stoppen.
(BÄTZING 2009: S. 205ff)

4. Alpine Organisationen

Um auch nur ernsthaft an die Einführung und den Erfolg einer gemeinschaftlichen Vermarktung berglandwirtschaftlicher Erzeugnisse zu denken, müssen Strukturen geschaffen und organisiert werden. Dies wirft die Frage auf, aus welchen Kompetenzen sich die Leitung einer einheitlichen Qualitätsmarke, einem Alpen-Label, zusammensetzen könnte.
Hierbei gilt es zu betonen, dass bislang der Alpenraum keine von der Menschheit vergessene, unorganisierte Ansammlung kleiner Betriebe war und ist. Es gibt durchaus viele alpine Organisationen, welche sich der ökologischen und ökonomischen Weiterentwicklung der Bergregionen angenommen und sich über viele Jahre immense Kenntnisse über Land und Leute angeeignet haben. Diese sind in ihrer Größe und Mitgliederzahl sehr unterschiedlich. Auch die regionale Zugehörigkeit ist sehr unterschiedlich definiert. Neben rein regionalen Vereinigungen gibt es auch mitgliederstarke Vereinigungen, welche auf nationaler Basis arbeiten oder sich länderübergreifend auf alle Alpenstaaten ausweiten. Darüber hinaus stehen verschiedene Organisationen auch in Kooperation zueinander. Einige der bekanntesten alpinen Organisationen und ihre Kompetenzen werden an dieser Stelle kurz vorgestellt:

4.1 Alpenkonvention

Die Alpenkonvention ist ein internationales Übereinkommen zwischen den acht Alpenstaaten, welches seit 1991 in Kraft ist. Die übergeordneten Ziele des Abkommens sind der Schutz der Alpen unter der Verpflichtung zu einer gemeinsamen Alpenpolitik und der Betrachtung der Alpen als zusammenhängender Raum, in dem naturräumliche, wirtschaftlich und kulturelle Grenzen nicht zwingend auch den Ländergrenzen entsprechen. Diese sollen durch die Harmonisierung von ökonomischen Interessen und ökologischen Notwendigkeiten umgesetzt werden, welche nachhaltige Schäden am Alpenraum und seinen Funktionen durch die Beanspruchung des Menschen verhindern sollen (www.alpconv.org).

In der Praxis jedoch hat die Alpenkonvention nur den Stellenwert einer politischen Absichtserklärung, da wirkliche rechtskräftige Formulierungen in den Protokollen nicht vorhanden sind. Bei Verstößen gegen die Richtlinien fehlt daher jegliche juristische Instanz (BÄTZING 1997: S. 33).

4.2 CIPRA

Die CIPRA (Commission Internationale pour la Protection des Alpes) wurde 1952 gegründet und setzt sich seitdem für eine nachhaltige Entwicklung in den gesamten Alpen ein. Dabei versucht die Organisation, die sich oft konkurrierenden Bereiche Natur, Wirtschaft und Soziales in Einklang zu bringen. So sollen die Potentiale des Alpenraums genutzt werden, gleichzeitig jedoch die kulturelle und natürliche Vielfalt erhalten bleiben.

Ferner war die CIPRA von Beginn an eine der treibenden Kräfte hinter der Alpenkonvention, welche den umfassenden Schutz des Alpenraumes staatenübergreifend in einem Abkommen manifestierte. Dort genießt sie offiziellen Beobachterstatus und zeigt großes Engagement in den Alpenkonferenzen und verschiedenen Arbeitsgruppen. Doch nicht nur auf der administrativen Ebene, sondern auch direkt am Menschen arbeitet die CIPRA mit vielen Projekten, Initiativen und Netzwerken daran, Wissen zu verbreiten und Menschen in Kontakt zu bringen.

Die CIPRA ist in nationale und regionale Vertretungen über den kompletten Alpenraum verteilt und eine mehrsprachige Informationsbasis für interessierte Menschen innerhalb und außerhalb des Berggebietes. Diese informiert sie mit den zwei- bis dreimal jährlich erscheinenden Alpenreporten, Newslettern und vielen Publikationen über sämtliche Facetten des Alpenraumes (www.cipra.org).

4.3 DAV – OEAV – AVS

Der deutsche Alpenverein (DAV) wurde 1869 als ein Bergsteigerverein ins Leben gerufen und ist heute der größte Bergsportverband der Welt. Er steht in enger Zusammenarbeit mit dem österreichischen Alpenverein (OEAV) und dem Alpenverein Südtirol (AVS). Auch wenn die Fokussierung in erster Linie auf den Alpinsport gerichtet ist, ist die nachhaltige Alpennutzung und die Erhaltung der Kultur ein hochprioritäres Ziel.

Von besonderem Interesse für das Konzept eines Alpen-Labels ist der Deutsche Alpenverein aufgrund seiner Erfahrung in der Vermarktung alpiner Produkte unter einer Qualitätsmarke. Mit der Aktion „So schmecken die Berge", auf welche im Rahmen dieser Arbeit an anderer Stelle ausführlicher eingegangen wird, konnte bereits interessante Vorarbeit für ein alpenübergreifendes Konzept geleistet werden.

Sowohl der deutsche und österreichische Alpenverein, als auch der Alpenverein Südtirol ist in viele selbstständige Sektionen aufgeteilt. Mit circa 815.000 Mitglieder stellt der DAV die größte Organisation von Alpinisten auf der Welt (www.alpenverein.de).

4.4 Allianz in den Alpen

Das Gemeindenetzwerk „Allianz in den Alpen" existiert seit 1997. Die Hauptaufgabe sehen die Mitglieder darin, gemeinsam mit den Bürgern dem Alpenraum unter dem selbstdefinierten Leitgedanken „Austauschen-Anpacken-Umsetzen" eine zukunftsfähige Entwicklung zu geben..

Die von den Alpenländern und der Europäischen Union offiziell anerkannte Organisation legt dabei besonderen Wert auf die Umsetzung der Alpenkonvention. Neben der Erhaltung der alpinen Umwelt ist auch das Erreichen einer stabilen und zukunftsorientierten Wirtschaftssituation ein Hauptanliegen der „Allianz in den Alpen". Die Umsetzung dieser Leitgedanken soll letztlich zur sozialen Stabilität und der Sicherung der kulturellen Identität und Eigenständigkeit des Alpenraumes führen.

Neben vielen Workshops zu alpenrelevanten Themen wird auch über viele Projekte aus Regionen und Gemeinden informiert, welche mit gutem Beispiel für das alpine Engagement vorangehen und als Ideenlieferant und Anstoß zur Nachahmung gelten können. Diese sind – genau sortiert nach Region und thematischer Zugehörigkeit – über die Internetseite der „Allianz in den Alpen"

abrufbar und dokumentieren sehr präzise alles Wissenswerte bezüglich der Zielsetzung, Durchführung, personeller Beteiligung, Finanzierung und des Erfolgs des Projekts.
Unter diesen detaillierten Berichten finden sich auch zahlreiche Initiativen, welche sich mit der Vermarktung landwirtschaftlicher Erzeugnisse befassen und diese umgesetzt haben. Dabei ist die Umsetzung bislang hauptsächlich auf sehr geringflächiger Ebene erfolgt und begrenzte sich meist auf Einrichtungen verschiedener Direktvermarktungen, z.B. von Heckenschnaps in Großraming und landwirtschaftlicher Produkte in Obermaiselstein. Das Archiv belegt jedoch auch Aktivitäten von höherer Größenordnung, wie die Erschließung und Nutzung neuer Absatzkanäle von regionalen Bergerzeugnissen in der Stadt Bern.
Auch wenn diese Projekte nicht an die Gößenordnung eines Vorhabens wie das der gesamtalpinen Vermarktung unter einem Alpen-Label heranreicht, wird doch deutlich, wie viele Erfahrungen und Kompetenzen sich in der Organisation „Allianz in den Alpen“ befinden (www.alpenallianz.org).

5. Alpen – Unique Selling Propositions

Die Alpen sind in vielerlei Hinsicht ein einzigartiges und besonderes Hochgebirge. Die Bilder, welche die Menschen zum Begriff Alpen vor Augen haben, haben sich im Laufe der Geschichte verändert. Bis etwa zur Mitte des 18. Jahrhunderts wurde das Hochgebirge oft als lebensfeindlicher Raum gesehen. Man sprach von den „montes horribiles“, den „schrecklichen Bergen“.

Heute jedoch besitzen die Alpen sehr hohes Ansehen und Sympathie in Europa. Mit der Industrialisierung veränderte sich die Ansicht zum Positiven, die Bergwelt wurde als schön und ästhetisch betrachtet. Zu diesem romantisch angehauchten Bild zählen neben der ländlichen Idylle mit Kühen und grünen Wiesen auch die Bewohner dieses Raumes, deren Leben im Einklang mit der Natur auf viele Menschen sympathisch wirkt.

Gerade dieses Alpenbild stellt eine der Grundlagen für den heutigen Tourismus dar. Zum anderen erfreuen sich, parallel zu den landschaftlichen und kulturellen Vorzügen, Jung und Alt an den Nutzungsmöglichkeiten für sportliche Aktivitäten. Sowohl im Sommer (Wandern, Rafting...) als auch im Winter (Skifahren, Rodeln...) sind die Alpen bei Menschen aus ganz Europa ein beliebtes Reiseziel (Bätzing 1997: S. 163ff). Diese Vorzüge bilden die Unique Selling Propositions, die herausragenden Alleinstellungsmerkmale der Alpen.

Dieses positive Alpenimage spielt bei der effizienten Vermarktung alpiner landwirtschaftlicher Erzeugnisse eine große Rolle. Die allgemeine hohe Sympathie für den Alpenraum und ihre naturverbundenen Bewohner ist dabei eine hervorragende Basis. Besonders die hohe Traditionalität in der Wirtschaftsweise und die Fokussierung auf die hohe Qualität der Produkte stellt im Gegensatz zu der Massenware am Markt einen großen Wettbewerbsvorteil dar, den es gezielt zu nutzen gilt. Auch die im Vergleich zu den dichtbesiedelteren Nichtberggebieten unberührt wirkende Natur suggeriert eine höhere Wertigkeit und Ursprünglichkeit, welche die Waren, insbesondere bei gezielt darauf ausgerichtetem Marketing, „gesünder" erscheinen lassen.

Diese Unique Selling Propositions geben den alpinen Produkten nicht nur ein Profil, sondern müssen dem Konsumenten auch vermitteln, dass sie wesentlich hochwertiger und daher auch aufwendiger hergestellt werden. Nur so ist der rational denkende und nach ökonomischen Gesichtspunkten handelnde Verbraucher bereit, einen höheren Preis gegenüber vergleichbaren Lebensmitteln zu entrichten.

6. Öko-Produkte im Trend

Trotz der schwierigen wirtschaftlichen Lage ist der Verbraucher zunehmend bereit, teurere und qualitativ hochwertige Bio-Produkte der Massenware vorzuziehen. Ein großer Anteil an dieser Entwicklung ist sicherlich der Tierseuche BSE zuzuschreiben, welche das Vertrauen der Konsumenten in die Viehhaltung schwer erschüttert hat. Doch diese Entwicklung hat sich nicht als eine vorübergehende Reaktion herausgestellt, wie Markus Rippin von der zentralen Markt- und Preisberichtsstelle (ZMP) feststellt: "Diese Trendwende ist nachhaltig und nicht von Sondereinflüssen wie seinerzeit BSE geprägt. Das belegen zahlreiche Untersuchungen verschiedener Forschungsinstitute" (www.tagesschau.de).

Diese Nachhaltigkeit beflügelt auch den Absatz. Durch den zunehmenden Anteil an Bio-Produkten im Supermarktregal und den sowieso boomenden Bio-Märkten hat sich auch das Vertriebsnetz von diesen hochqualitativen Lebensmittel stetig verbessert (www.tagesschau.de).

Im Alpenbereich zeigen sich besonders in Deutschland und Österreich die Verbraucher zunehmend der ökologischen Landwirtschaft zugewandt. 2007 lagen die Pro-Kopf-Ausgaben für Biolebensmittel in Österreich bei 89 Euro, in Deutschland immerhin bei 64 Euro. Auch bei den

Marktanteilen am Lebensmittelmarkt ist Österreich im Alpenraum führend. Mit 5 Prozent verweisen sie Deutschland auf Platz 2, welches nur 3 Prozent des Marktes mit biologischen Erzeugnissen füllt.

Betrachtet man jedoch die Länder mit dem höchsten Umsatz an Biolebensmitteln, zeigt sich der deutsche Markt sehr ergiebig für den Absatz biologisch hergestellter Lebensmittel. 5,3 Milliarden Euro stellen den Spitzenwert im alpinen Ländervergleich dar, und dies mit erheblichem Abstand zu Frankreich (1,9 Milliarden Euro) (www.euranet.eu).

In Anbetracht dieses Trends, dessen Ende im Moment in keiner Weise abzusehen ist, ist die Marktlage für die Einführung einer internationalen Vermarktung alpiner Qualitätsprodukte durchaus positiv zu bewerten. Da immer mehr Menschen bereit sind, höhere Ausgaben für qualitativ hochwertige Erzeugnisse auszugeben, besteht in einem gezielten Marketing- und Absatzkonzept eine große Chance für den gesamten Alpenraum, mit seinen Produkten am Markt eine Nische zu finden und sich zu behaupten.

7. Die Vision eines länderübergreifenden Alpen-Labels

7.1 Leitidee „Klasse statt Masse“

Betrachtet man die aktuelle Situation der Landwirtschaft im Alpengebiet, wird offensichtlich, dass ein Konkurrieren mit den auf den Massenkonsum ausgelegten Produkten am Markt hinsichtlich der Preisfestsetzung und des Produktionsvolumens nicht möglich ist.

Grundvoraussetzung für den Stopp dieses negativen Trends ist eine ausreichende finanzielle Ertragssituation für den Landwirt und seine Familie, welche eine weitere Erwerbstätigkeit entweder gar nicht erfordert oder das Ausmaß der Nebentätigkeit sowohl hinsichtlich des Zeitaufwands als auch der Intensität als gering einstufen lässt. Sieht sich die alpine Landwirtschaft eher als Alternative statt als Konkurrenz, kann sie ihre Stärken der Käuferschaft präsentieren und von den Schwächen der Massenherstellung profitieren. Ziel ist es, dadurch die wirtschaftliche Situation im Alpenraum zu stabilisieren, zu stärken und die Kulturlandschaft zu erhalten (www.coocoi.com).

Abb. 5 Ein fiktives Logo für das Alpen-Label (deutsches Produkt – deutscher Markt)

Die Umsetzung muss nach BÄTZING jedoch nach und nach geschehen. Gerade zur Einführung des Alpen-Labels sollte sich die Fokussierung auf einige wenige Produkte beschränken.

„Das sind nur Spezialitäten. Das sind hochverarbeitete Qualitätsendprodukte, die nicht mit normalen Lebensmitteln konkurrieren, sondern die praktisch in einem ganz schmalem Marktsegment angesiedelt sind" (BÄTZING 2010). „Wenn wir ein solches Alpen-Label im Alpenraum für alle acht Staaten haben, das eine europäische Dimension und eine europäische Wahrnehmung bedeutet, wird es vergleichsweise wenige Produkte geben, die man dann wirklich mit diesem Alpen-Label vermarktet" (BÄTZING 2010).

In einem zweiten Schritt sollen kleinere Unternehmen ebenfalls in das Projekt eingebunden werden und von dem „Flagschiff-Charakter" der größeren und europaweit exportierenden Betriebe profitieren, um – dank dem Bekanntheitsgrad des Alpen-Labels - einen höheren Absatz auf regionaler Ebene erzielen zu können (BÄTZING 2010).

Abb. 6 Ein fiktives Logo für das Alpen-Label (deutsches Produkt – italienischer Markt)

BÄTZING vertritt hierbei die Ansicht, Bergprodukte sollten nicht nur regional konsumiert, sondern auch in die Großstädte Europas geliefert werden. Allerdings sollte sich der Export auf alpennahe Großstädte wie München, Turin oder Lyon beschränken. Erst in zweiter Instanz ist die Ausfuhr ausgewählter Produkte in entferntere Städte wie Amsterdam, Hamburg oder London denkbar (BÄTZING 2010).

7.2 Personen und Akteure

Es erscheint logisch, dass bei der Einführung einer Vermarktungs-Organisation auf jeden Fall auf die Kompetenzen und Potentiale der bereits bestehenden Strukturen und Ihrer Mitglieder zurückgegriffen werden muss. Dies wird noch mehr Zusammenarbeit als bisher erfordern, bietet aber die Möglichkeit, die Erfahrungswerte vieler Institutionen zu bündeln und die wirtschaftlichen Möglichkeiten der Bergregionen voll und ganz auszuschöpfen.

„Ohne ein wirtschaftliches Know-How geht es nicht" (BÄTZING 2010). Mit dieser Aussage sieht BÄTZING Fachleute aus Einzelhandel und Großhandel als zentrale Akteure in dem Projekt der gesamtalpinen Qualitätsmarke. Dazu müssen politische Repräsentanten als „Schwergewichte" fungieren, welche dem Label den notwendigen Einfluss verleihen. Die Kompetenzen der Alpenvereine ergänzt diese Zusammenstellung und bildet somit das „Scharnier" zwischen dem alpinen und nichtalpinen Raum (BÄTZING 2010).

Wie in diesen Fällen die Zusammensetzung tatsächlich aussehen könnte, ist zu diesem Zeitpunkt ohne bekannte Sondierungsgespräche zu diesem Thema schwierig zu beantworten. Ein Ansatz ohne direkte politische Beteiligung bestünde darin, das zukünftige Entscheidungsgremium des Alpen-Labels aus der jeweiligen Größe seiner Einzelbestandteile, sprich den beteiligten Organisationen zu bilden. Demzufolge würde dann die Institution mit den größten Mitgliederzahlen auch die meisten Entscheidungsträger für die Führung des Alpen-Labels stellen. Die gleiche Systematik wäre natürlich auch unter der Hinzuziehung anderer Kriterien denkbar. So könnten sich die Personalquoten auch an den von den Vereinigungen eingebrachten Kapitalanteilen richten, sollte es zu einer derartigen Finanzierungslösung kommen. Auch eine Wahl von aufgestellten Kandidaten aus den verschiedenen Organisationen wäre eine Möglichkeit der Personalfindung.

7.3 Finanzierung

Die Finanzierung ist sicherlich eines der Hauptproblemfelder bei der Gründung einer alpenumfassenden Qualitätsmarke. BÄTZING sieht den Anstoß und die Finanzierung des Projekts in erster Linie von der politischen Ebene abhängig. Die Initiative muss als wirtschaftlich und politisch notwendig für den Alpenraum vermittelt werden. „Es geht nicht darum, damit schnell Geld zu machen" (BÄTZING 2010), meint BÄTZING und sieht die Umsetzung des Projekts vor allem im „non-profit"-Gedanken auf genossenschaftlicher Ebene und bestehenden Strukturen im Alpenraum (BÄTZING 2010).

7.4 Problemfelder

Allerdings bergen diese Theorien schon große Probleme und Konfliktpotential, noch weit bevor dem ersten Landwirt in den Alpen in irgendeiner Form geholfen wäre. Denn jede einzelne Organisation und Landesregierung hat gewiss ihre eigenen Vorstellungen und Interessen, zudem manche kleinere Organisationen auch nur national oder regional tätig sind.

Daher besteht die Gefahr, dass die Komposition eines Führungsgremiums im Falle einer Wahl zu einem Taktikspiel unter den Beteiligten ausartet, wobei die Nominierten aus den eigenen Reihen anzunehmenderweise bevorzugt und objektive Entscheidungen in den Hintergrund gedrängt werden. Die Personalfindung setzt also bei allen beteiligten Parteien eine große Weitsicht und soziale Kompetenz voraus.

Mit vielen Unstimmigkeiten wäre bei der mitgliederorientierten und finanziell orientierten Zusammensetzung einer Alpen-Label-Führung zu rechnen. Die reinen Mitgliederzahlen der jeweiligen Institutionen spiegeln nicht zwangsläufig die Wichtigkeit und Richtigkeit des Vorgehens oder der Zielsetzungen wider. Da mit der Alpen-Label-Politik ja gerade die schwächeren Glieder der alpinen Landwirtschaft gestärkt werden sollen, wäre es in gewisser Weise absurd und paradox, die Führung in die Hände der stärksten Interessensgruppen zu geben.

Dabei ist noch nicht einmal geklärt, welche Interessensverbände direkt in das Projekt der alpinen Vermarktung eingebaut werden sollen und können. Sicherlich wäre eine Mitbestimmung seitens jeder kleinen regionalen Gemeinschaft zuviel Input, in welchem die Übersicht an Vorschlägen und Anträgen ziemlich schnell verloren gehen und die Funktion des Scharniers schnell ad absurdum führen würde. Andererseits besteht gerade der Sinn des Alpen-Labels darin, kleine Betriebe und Orte wirtschaftlich überlebensfähig zu machen – hier ist seitens aller Beteiligten viel Fingerspitzengefühl gefragt.

Auch die unterschiedlichen rechtlichen Rahmenbedingungen in den verschiedenen Alpenländern erschweren die Organisation. Eine Einigung der Alpenstaaten bei der Findung eines übergreifenden Alpen-Label-Konzepts sieht BRUNNER vom Deutschen Alpenverein (DAV) als eine große Herausforderung. Mit der Erfahrung aus der Kampagne „So schmecken die Alpen“ konnte sie berichten, dass die Kooperation und Organisation zwischen den sich nahestehenden Alpenverbänden aus Deutschland, Österreich und Südtirol aufgrund verschiedener nationaler Reglementierungen durchaus mit Schwierigkeiten verbunden war und einige Nachbesserungen des Konzepts erforderlich machten (BRUNNER 2010).

Die möglichen Streitpunkte werden nicht weniger, auch wenn sich die Organisationen und die politische Administration auf einen Personalkader für das Projekt geeinigt haben und dieser die eigentliche Arbeit, nämlich die Vermarktung ausgewählter alpiner Erzeugnisse, aufgenommen hat. Der Begriff „ausgewählt“ lässt das Dilemma schon vermuten: Eine Auswahl muss getroffen werden, welche sich im Grunde nur an Qualitätsrichtlinien messen darf. Doch wer entscheidet über Qualität und Nicht-Qualität? Die Kriterien sind vorgegeben, nur wo werden die Grenzen gezogen? Es wäre in jeder Hinsicht überraschend, wenn die Entscheidungen der Führung für jeden Landwirt nachvollziehbar wären und als gerecht empfunden würden. Sicherlich wird es zwischen Landwirten, Entscheidungsträgern des Alpen-Labels und weiteren Beteiligten viele unterschiedliche Meinungen geben, da Urteile über Geschmack, Qualität und ähnliches stets subjektiv ist.

Abhilfe schaffen nur richtige angewandte externe Standards, da BÄTZING eine Eigenkontrolle der Landwirte als nicht ausreichend betrachtet. „Es ist das große Problem, dass wir auch bei den Regionalprodukten haben, es muss die Kontrolle gewährleistet sein ... das ist auch der große Pferdefuß bei der gesamten regionalen Qualitätskontrolle, die eigentlich nicht so richtig funktioniert. Das ist eine Selbstdeklaration, man überlässt es dem Bauern“ (BÄTZING 2010). Um Vertrauen beim Verbraucher aufzubauen, sind externe Kontrollen notwendig, welche die Qualität kontrollieren und Standards setzen. Unterschiedliche qualitative Standards müssen zudem kenntlich gemacht werden, um Transparenz beim Konsumenten zu schaffen.

BRUNNER sieht besonders im Lieferantenbereich kleinere Höfe und Betriebe als benachteiligt an und erkennt den größeren Betrieben, welche dementsprechend höhere Produktionsvolumen aufbringen können, deutliche Vorteile.
Gerade die oft wirtschaftlich schwächer gestellten Kleinbetriebe könnten demnach Schwierigkeiten haben, die notwendige Menge an Waren zu liefern, die für einen Absatz in der Dimension der Alpen-Label-Theorie ausreichend wären, und daher nicht von der Qualitätsmarke profitieren. Für die Kulturlandschaft in den Alpen wäre dies eher kontraproduktiv. (BRUNNER 2010).

7.5 Lösungsmöglichkeiten

Die Entscheidung über die Auswahl an alpinen Produkten, welche unter dem Konzept der alpinen Qualitätsmarke vermarktet werden würden und die nötigen Qualitätsstandards erfüllen, könnte eine unabhängige Jury festlegen. Über die Zusammensetzung kann debattiert werden – möglicherweise könnten angesehene Profi-Köche die Entscheidungen fällen oder eine zufällig ausgewählte Delegation von Alpenbewohnern aus allen Ländern in einer Art Blindtest die Favoriten ermitteln. Dies käme der Vorstellung und dem Ideal eines fairen Wettbewerbs sehr nahe und wäre ein denkbarer Weg, um begründete Kritik an der Entscheidungsfindung von vornherein so gering wie möglich zu halten.

Generell sind die verschiedenen Problemfelder nur dann lösbar, wenn sich alle beteiligten Ebenen und Personen in der Ausübung ihrer eigenen Interessen sehr zurückhaltend verhalten und großes Verständnis für die Bedürfnisse und Zwangslagen anderer Interessensgruppen und politischer Administrationen aufbringen. Ob ärmere Region oder reichere, ob größere Mitgliederzahlen oder kleinere – eine Organisation des Alpen-Labels kann nur funktionieren, wenn alle Beteiligten aufeinander zugehen und nicht ausschließlich für die individuelle persönliche Bereicherung oder ihre vertretene Region einstehen. Und dabei darf es nur ein Ziel geben, und das ist die beste Lösung für den gesamten Alpenraum – miteinander statt gegeneinander.

8. Das Alpen-Label und die Vermarktung

Die Vermarktung alpiner Lebensmittelprodukte erfordert im Falle einer großflächigen Vermarktung unter dem Konzept eines Alpen-Labels einen durchdachten Ablauf. Grundsätzlich ist die Planung an den Standard anderer Konsumgüter des täglichen Bedarfs anzupassen, ohne dabei den Qualitätsanspruch aus dem Fokus zu verlieren.. Da die Produkte direkt an Privatpersonen und somit einem Massenmarkt zugänglich gemacht werden sollen, ist die Distribution unter der Einschaltung des Handels zu planen. Ferner sind sowohl Strategien des Käufers und des Handelsmarketings auszuarbeiten, um der Produktlinie das notwendige Image im Handel und der Öffentlichkeit zu verleihen. Sehr entscheidend ist auch, die Produkt- und Preispolitik sorgfältig auszurichten und den Gegebenheiten der Märkte soweit wie möglich anzupassen, ohne dabei den alpentypischen Charakter zu verlieren (WEIS 1993: S. 26f).

8.1 Alpenmarketing - die Planung

Der Aufbau eines zielgerichteten Marketingkonzepts erfolgt in mehreren Schritten. Da das Käuferverhalten, ausgehend vom rationalen Handeln, zu weiten Teilen vom geringsten Preis und der dafür bestmöglichen Leistung ausgeht, sind die Zielpersonen der Werbemaßnahmen schon im Voraus zu definieren und abzugrenzen. In Hinblick auf diese Zielgruppe erfolgt daraufhin die Festlegung und Bestimmung der Werbebotschaft. Im nächsten Schritt werden die Werbeträger analysiert, mit welchen die ausgearbeitete Werbebotschaft am besten an die Endkunden überbracht werden kann. Da diese Werbeträger in Preis und Effektivität sehr unterschiedlich sein können, ist nun ein finanzieller Rahmen zu setzen, in welchem sich die Maßnahmen für die Marketingvorhaben bewegen dürfen. Erst jetzt empfiehlt es sich, die geeigneten Werbeperioden zu ermitteln und die Marketingvorhaben gegebenenfalls auf gewisse Gebieten zu konzentrieren. Wenn diese zeitlichen und räumlichen Determinanten geklärt sind, wird der festgelegte Werbeetat auf die verschieden Werbevorhaben verteilt (WEIS 1993: S. 354 / 349).

8.2 Die Phasen des Marketing-Prozesses

Um die Grundlage für den Erfolg einer Produkteinführung zu schaffen, ist es elementar, den Marketingprozess sehr gewissenhaft durchzuführen.

Zunächst sollten Probleme in Bezug auf das Marketing der Alpenprodukte für den jeweiligen Markt frühzeitig erkannt und bewertet werden, um diese schon von vornherein gezielt zu behandeln und bewerten zu können. Sobald dies geschehen ist, folgt eine Phase der Informationsbeschaffung des Zielmarktes, samt dem dortigen Status Quo hinsichtlich weiterer Marktteilnehmer, zukünftigen Konkurrenten und den derzeit erhältlichen Produkten. Diese Datenfülle wird im Anschluss ausgewertet und analysiert. Erst dann kann es zu einer realistischen Beurteilung des Marktes kommen. Sollte die Lage dann immer noch gewisse Unklarheiten aufwerfen, ist eine zusätzliche Datenerhebung zur Erschließung des weiteren Vorgehens unerlässlich. Sollte diese Erhebung erfolgt sein oder die Marktdaten schon vorher in ausreichender Fülle und Deutlichkeit vorliegen, kann dazu übergegangen werden, eine Marketing-Konzeption zu erarbeiten.

Nun stehen die Verantwortungsträger vor der Entscheidung, diese Konzeption oder noch Änderungen durchzuführen bzw. die Absage der Pläne zu erteilen. Entscheidet man sich für das Konzept, ist nach angemessener Zeit der Erfolg bzw. Misserfolg des Marketingprojekts zu ermitteln. In dieser Kontrollphase findet sich auch Aufschluss darüber, ob das Marketingkonzept den Ansprüchen und eingangs ermittelten Problembereichen gerecht wurde oder neue Daten erhoben bzw. neue Konzepte oder Änderungen erstellt werden müssen (WEIS 1993: S. 28).

8.3 Diversifikation alpiner Produkte

Um den verschiedenen Präferenzen der Verbraucher zu entsprechen ist es empfehlenswert, die vielfältige und qualitativ hochwertige Nahrungsmittelproduktion in den Alpenländern in möglichst hoher Breite zu nutzen. Je mehr unterschiedliche Lebensmittelarten und Lebensmittelausprägungen unter dem Alpen-Label in den Supermärkten den Verbrauchern zur Auswahl stehen, desto höher ist die Wahrscheinlichkeit, dass diese mit den individuellen Vorlieben übereinstimmen und Gegenstand der Kaufentscheidung werden. Den wechselnden Geschmacksansprüchen und dem Bedarf der Konsumenten nach Abwechslung wird Rechnung getragen. Aufgrund der vielfältigen Bewirtschaftung im Alpenraum zeigt sich die Produktpalette grundsätzlich sehr mächtig. Werden nun innerhalb einer Lebensmittelsorte unterschiedliche Ausprägungen in den Markt eingebracht, eröffnen sich neue Zielgruppen.

Wie bereits angedeutet, können die Lebensmittel in zweierlei Art und Weise diversifiziert werden:

8.3.1 Horizontale Diversifikation

Bei der horizontalen Diversifikation werden die Lebensmittel nach ihrer Art unterschieden. Eine breite Diversifikation wäre demzufolge, wenn die Auswahl an verschiedenen Lebensmitteln, welche unter dem Corporate Design des Alpen-Labels erscheinen, möglichst vielfältig wäre. Von Äpfeln über Oliven bis hin zu Wein und verschiedenen Fleischsorten sind die Möglichkeiten der Produktdiversifizierung äußerst mannigfaltig und zur Einführung des Verkaufs sicherlich noch nicht im vollständigen Ausmaß umsetzbar. Allerdings ist es durchaus produktpolitisch sinnvoll, das Sortiment nach und nach zu verändern und zu erweitern, um die Aufmerksamkeit der Konsumenten für die alpinen Produkte auf hohem Niveau zu halten und auf Änderungen in Geschmack und

Lifestyle reagieren zu können

An dieser Stelle sei darauf hingewiesen, dass die horizontale Diversifikation auch beim alpinen Vertrieb nicht zwingend auf Lebensmittel beschränkt sein muss. Durchaus kämen auch Waren aus dem Nicht-Lebensmittelbereich für die Vermarktung in Frage, vorausgesetzt das Geschäft mit den bergwirtschaftlichen Erzeugnissen verläuft über einen längeren Zeitraum erfolgreich. Dabei könnte es sich im Zuge eines Merchandising-Projekts um alpenbezogene Spielwaren (Kühe, Schafe etc. aus Plüsch) handeln, aber auch Textilien vom T-Shirt bis zur Trachtenkleidung wären neben zahlreichen anderen Artikeln denkbar (WEIS 1993: S. 172f).

8.3.2 Vertikale Diversifikation

Neben der horizontalen Diversifikation, welche die Breite der Produkte beschreibt, kann ein einzelnes Produkt auch hinsichtlich der sogenannten Tiefe diversifiziert werden. Dabei werden bestimmte Eigenschaften des bereits bestehenden Produktes verändert, damit zwar kein grundlegend neues, aber doch in vielen Punkten unterschiedliches Gut entsteht. Als klassisches und doch sehr einfaches Beispiel wäre die Käseproduktion aufzuführen (WEIS 1993: S. 173). Sicherlich ist es für den Absatz der alpinen Lebensmittel nicht förderlich, mit lediglich einer Käsesorte den kompletten Bereich „Käse" des Alpen-Labels abzudecken. Aus diesem Grund kann, um verschiedenen Präferenzen der Verbraucher zu entsprechen, das Produkt Käse auf verschiedene Weise vertikal diversifiziert werden. Eine Möglichkeit bestünde in einer Regionalisierung der Käsesorten, z.B. nach Ländern oder Anbaugebieten.

Eine weitere Form der vertikalen Diversifikation könnte in einer qualitätstechnischen Veränderung oder Erweiterung einer Produktsorte liegen. Um das Beispiel Käse erneut aufzugreifen, wäre hier etwa eine kalorienreduzierte „Light"-Variante des Standardproduktes ins Auge zu fassen, welcher das Interesse der figurbewussten Konsumenten wesentlich direkter anspricht als das Originalprodukt.

Ferner ist denkbar, gewisse Käsesorten um andere Nahrungsmittelsorten zu erweitern. Eine Kombination aus Käse und sorgfältig ausgewählten beigemengten Alpenkräutern stellt ein wiederum einzigartiges, neues Produkt dar, welches keiner direkten Konkurrenzsituation unterliegt und die Aufmerksamkeit der Käuferschaft erweckt.

8.4 Käuferverhalten

Um das Alpenmarketing richtig zu wählen und zu dosieren, ist es hilfreich, die grundlegenden Prozesse bei der Kaufentscheidung zu verstehen. Das SOR-Modell beschreibt diese Vorgänge.

Der Begriff SOR steht dabei für Stimulus-Organismus-Response. Anreize (Stimuli) werden im Organismus verarbeitet und führen, je nach Prägung, zu unterschiedlichen Reaktionen (Response). Als Stimuli fungieren bestimmte marketingpolitische Instrumente, welche vom Kunden wahrgenommen werden. Dies kann das Produkt als solches sein, aber auch Komponenten wie der Preis, die Verpackung oder Ähnliches. Da alpine Produkte preislich nicht konkurrieren können, muss durch Werbung die Aufmerksamkeit des Kunden erregt werden. Im Organismus des Käufers entstehen aufgrund der eingehenden Stimulanz Wahrnehmungsvorgänge und kognitive Prozesse. Die Bewertung dieses Inputs ist dabei stark geprägt von der Persönlichkeit des Käufers wie auch seinem sozialen Umfeld und ähnlichen Determinanten. Diese Abläufe lösen darauf hin die Response, also die Reaktion auf den verarbeiteten Stimulus aus.

Diese fällt von Individuum zu Individuum verschieden aus. Mögliche Reaktionen wären, im Falle der alpinen Produkte natürlich sehr wünschenswert, der direkte Kauf aufgrund der vollsten Überzeugung des Produkts. Eine abgeschwächte Form hingegen wäre eine Reaktion, welche sich lediglich mit dem Interesse an alpinen Lebensmittel äußern würde, aber vor dem Kauf erst eine genaue Beschäftigung mit dem Produkt erfolgen würde. Natürlich ist es ebenso möglich, dass sich die Response in einem Gleichgültigkeitszustand manifestiert, welcher nicht zum Kauf führt.

Es ist selbstverständlich, dass dieses Modell bei weitem nicht die reale Komplexität der Kaufentscheidung erfasst und daher nur eine Abstraktion der Wirklichkeit ist. Viele Faktoren der Kaufentscheidungen bleiben hierbei unberücksichtigt.
(WEIS 1993: S. 34ff)

Will man alpine Produkte einem großen Massenmarkt zugänglich machen, ist es unabdinglich, diese an die verschiedenen Ausprägungen der Individuen innerhalb des Massenmarktes auszurichten. Das SOR-Modell verdeutlicht, dass die Menschen in ihrer Zugänglichkeit und ihren Vorlieben mitunter sehr unterschiedlich sein können und ihre Kaufentscheidungen nach individuellen Kriterien auslegen. Trotzdem lassen sich bestimmte Konsumverhaltensweisen kategorisieren. Demnach muss auch das alpenbezogene Marketing in passendem Kontext präsentiert werden. Die verschiedenen Vorzüge der alpinen Lebensmittel und das positive Image der Alpen als Naturraum sind daher an die individuellen Konsumverhaltensweisen anzupassen Klassische Verhaltensweisen sind beispielweise:

- Das Rationalverhalten (bewusstes und überlegtes Handeln unter Informationsauswertung)
- Das Impulsverhalten.(spontanes, weniger überlegtes Handeln)
- Das Gewohnheitsverhalten (Verzicht auf neue Lösungen aufgrund routinierten Handelns)
- Das sozial abhängige Verhalten (Handeln unter Betracht des Verhaltens anderer Menschen)

(MEFFERT 1993: S. 41)

8.5 Konsumententypen

Auf der Grundlage dieser Verhaltenskategorien lassen sich letztendlich die Käuferschichten genauer typisieren. Nicht nur das alpine Marketing sollte generell stets das Bestreben haben, neben den typischen Verhaltensweisen auch möglichst viele dieser individuellen Konsumententypen anzusprechen. Die Anreize zum Kauf der Alpenprodukte sollten daher sowohl logisch zu begründen sein als auch durch geschicktes Marketing spontanen Bedarf beim Konsumenten wecken.

Beispiele für die unterschiedlichen Typologien sind:

- Preisbewusste Verbraucher
- Abwägende Verbraucher
- Konsum-abstinente Verbraucher
- Spontane kauffreudige Verbraucher
- Prestige-Käufer
- Suggestible Konsum-Fans

Natürlich muss an dieser Stelle in aller Deutlichkeit hervorgehoben werden, dass die unterschiedlichen Klassifizierungen niemals als alleinig zutreffend angesehen werden können. Der Mensch als Individuum stellt somit eine Komposition aus diesen verschiedenen Gruppierungen dar und ist daher über eine Einzelstrategie meistens nur schwer zu erreichen. Will man einen möglichst großen Konsumentenkreis ansprechen, muss also ein gewisser Trade-off zwischen den verschiedenen, sich mitunter auch rivalisierenden Konsumverhaltensweisen stattfinden (MEFFERT 1993: S. 141).

8.6 Marktsegmentierung

Eine Basisvoraussetzung für den wirtschaftlichen Erfolg des Alpen-Labels und der alpinen Vermarktung im Allgemeinen liegt darin, den Markt und die darin befindlichen Personen und Akteure zu kennen und den Konsumententypen zuzuordnen. Die Marktsegmentierung bezieht sich hierbei auf verschiedene Kriterien.

Zunächst wird der Markt geographisch abgegrenzt. In dem bevorzugten Gebiet müssen Informationen über das Bevölkerungsaufkommen, die Bevölkerungsdichte und ähnliche Kennzahlen erhoben werden. Je nach Ausweitung der alpinen Vermarktung kann dies den ganzen europäischen Raum umfassen, zu dem EU-Statistiken leicht zugänglich sind. Die Bevölkerung steht dabei natürlich im besonderen Fokus, schließlich stellen sie die potentiellen Endkunden für die Alpenprodukte dar. Demographische Faktoren wie das Alter und Geschlecht werden um differenziertere Fragestellungen erweitert. Dabei spielen unter anderem die Berufsausübung und die damit verbundene Einkommenssituation der Personen im Untersuchungsgebiet eine große Rolle. Aber auch Faktoren wie die Ausbildung und nationalitätsspezifische Aspekte dürfen in einer vollständigen Marktsegmentierung nicht fehlen.

Diese Betrachtungsweise verschmilzt wiederum mit psychographischen Erkenntnissen über die Bevölkerung. Hierbei unterliegt der individuelle und allgemeine Lebensstil genauso einer genauen Betrachtung wie die verschiedenen Persönlichkeiten der Akteure. Auch die Zugehörigkeit zu unterschiedlichen sozialen Schichten wird in der Marktsegmentierung erfasst. Letztendlich von höchster Wichtigkeit ist jedoch das Konsumverhalten der potentiellen Endabnehmer. Die Konsumhäufigkeit und die Konsumbereitschaft stehen hierbei im Mittelpunkt. Die Erfassung der Konkurrenzanbieter vervollständigt die Marktsegmentierung. Aufgrund der Weitläufigkeit der Thematik wird diesem Bereich des Marketings ein eigenes Kapitel gewidmet. (KOTLER 1992: S. 418ff)

8.7 Zielgruppenfindung

In der Praxis erweist sich eine generelle Anpassung an alle Käuferschichten vor allem im Lebensmittelbereich als sehr schwierig bis nahezu unmöglich. In diesem Fall empfiehlt es sich, das Marketing auf vorher gewählte, zum Produkte passende Konsumgruppen zu spezialisieren. Die Marktsegmentierung unterstützt hierbei die Entscheidungsfindung und zeigt die Übereinstimmungen der Käufersegmente hinsichtlich des zu verkaufenden Produkts auf. Der Gesamtmarkt wird hierbei in homogene Konsumentengruppen aufgeteilt. Dies ermöglicht es, das Produkt und seine Vermarktung an die Erwartungen und Ansprüche einer definierten Käuferschicht anzupassen (MEFFERT 1993: S. 243).

Im konkreten Fall des Absatzes alpiner Lebensmittel könnten die Zielgruppen beispielsweise aus dem Bereich der Marktsegmente der "Genussmenschen" und der "naturbewussten Menschen" festgelegt werden. Diese beiden Segmente unterscheiden sich voneinander - während Genussmenschen das Hochqualitative und Exquisite schätzen, legen die "Naturbewussten" einen gesteigerten Wert auf biologischen und nachhaltig umweltverträglichen Anbau. Trotz dieser Unterschiede sind beide Segmente bei geschickter Produktpräsentation zu erreichen. In diesem Fall entsteht eine hohe gemeinsame Schnittmenge hinsichtlich der Ansprüche beider Zielgruppen. Es ist daher in der Praxis – auch bei einem Nischenprodukt wie den hochqualitativen Bergprodukten - empfehlenswert, möglichst die Gemeinsamkeiten mehrerer Zielgruppen als die Besonderheiten einzelner Segmente zu berücksichtigen. (MEFFERT 1993: S. 252ff)

8.8 Markteinführung

Die Ersteinführung der Alpenprodukte auf den Markt ist aufgrund bereits bestehender Bio-Anbieter keine Pionierarbeit. Dies hat zwar nicht den Vorteil einer direkten Innovation, aber verspricht durchaus einige andere positive Effekte. So sind bespielweise die gröbsten Kosten der Markterschließung bereits von der Konkurrenz getragen. Ferner liefert die etablierte Konkurrenz Rückschlüsse über die Größe des Marktes. Des Weiteren bietet sie die Möglichkeit, aus eventuell begangenen Fehlern der anderen Marktteilnehmer zu lernen und diese beim eigenen Markteintritt zu vermeiden (KOTLER 1992: S. 528).

Im Vergleich zu einer nationalen oder gar regionalen Markteinführung ist bei der internationalen Markteinführung mit ungleich höheren Kosten zu rechnen. Die Vermarktung über Ländergrenzen hinweg setzt neben dem Kapitaleinsatz auch die nötigen Produktionskapazitäten voraus, um die Märkte der jeweiligen Länder in einem profitablen Maße zu beliefern. Dieser Schritt setzt ein sehr hohes Vertrauen in das Alpen-Label und dessen Anklang beim Verbraucher voraus. Zudem steht die Kapitalfrage im Vordergrund. Private Organisationen dürften kaum über die notwendige Liquidität verfügen, die ein derartiger Schritt erfordern würde. Die alternativen Finanzquellen sind in ihrer Anzahl überschaubar: Kredite? Staatliche Zuschüsse? Private Investoren? Eingliederung in eine bestehende Lebensmittelkette? Der Schritt dazu wirkt riskant und ist mit Voraussicht zu wählen.

Neben diesen existenziellen Voraussetzungen stellt eine betriebswirtschaftliche Analyse über Kosten und Nutzen in den Verbreitungsräumen das Fundament für die Entscheidung über die internationale Produkteinführung dar. Neben der Einschätzung des Marktpotentials bzw. der Qualität der Marktforschungsergebnisse spielen auch die Kosten der Warenverteilung eine tragende Rolle bei der Entscheidungsfindung. Als Chance sind jedoch gewisse Kettenreaktionen zwischen Regionen oder Ländern zu sehen, welche sich gegenseitig beeinflussen und aufeinander einwirken. Somit könnten erhöhte Absatzzahlen auch auf benachbarte Regionen umschlagen und trendähnliche Effekte mit sich bringen (KOTLER 1992: S. 529).

8.9 Vertrieb

Der herkömmliche, weil bisher verbreitetste Weg des alpinen Lebensmittelabsatzes ist die regionale Vermarktung. Der Absatz hierbei findet oft direkt vom Erzeuger an den Verbraucher statt. Unter der Organisation des Alpen-Labels könnte der Absatz auf der Ebene des Großhandels abgewickelt werden und damit zunächst zu Wiederverkäufern und gewerblichen Verwendern gelangen. Der Umstieg auf den Großhandel ist für den Absatz in größeren Stückzahlen und höherem Profit in vieler Hinsicht von Vorteil.

Einer der größten Vorteile liegt in der Absatzförderung. Die organisierten Strukturen des Großhändlers schaffen wesentlich vielfältigere Absatzmöglichkeiten. Somit kann bei wesentlich geringerem finanziellem Aufwand eine deutlich höhere Zahl an Käufern erreicht werden. Dieser Umstand profitiert auch vom engen Kontakt zwischen Kunden und Großhändlern. Die dadurch gesammelten Erfahrungen des Großhändlers verstärken die Effektivität des Absatzes. Dabei trifft der Großhändler bereits eine Vorauswahl an benötigten Produkten, welche er dann als Zusammenstellungen an seine Kunden abgibt. Dies spart deutlich an Arbeitsaufwand ein.

Ferner bietet die Mengenauflösung enorme Vorteile für den Hersteller und die Endkunden. Da der Großhandel Waren in großen Mengen abnimmt, profitiert der Hersteller logistisch von den gesunkenen Lagerhaltungskosten sowie der Risikoübernahme hinsichtlich verschiedener Gefahren der Lagerhaltung (Beschädigung, Schwund, Verderb) durch die Übernahme des Eigentums. Die großen Mengen werden danach auf kundengerechte Einheiten umverteilt und verkauft.
Doch nicht nur bei der Lagerung, auch beim Transport zeigen sich bei der Zwischenschaltung eines Großhändlers Kostenvorteile, da dieser in der Regel wesentlich näher am Abnehmer operieren und dadurch schneller sowie günstiger liefern kann.

Letztendlich bietet ein gutes Verhältnis zum Großhändler auch eine gewisse Einsicht in die Marktsituation. Neuigkeiten über die aktuelle Preisentwicklung, Informationen über neue Produkte und die Konkurrenz im Allgemeinen sind nur einige von vielen Punkten, die zeigen, wie eine enge Partnerschaft dem Lieferanten nutzen kann (KOTLER 1992 S. 802f).

8.10 Konkurrenz

Die Alpenprodukte heben sich besonders hinsichtlich der Qualität und der nachhaltigen Anbauform von anderen Lebensmitteln ab. Dennoch stehen sie in Konkurrenz zum übrigen Lebensmittelangebot im Allgemeinen und den Bio-Produkten bzw. der Qualitätsware im Besonderen.

Zur eigenen Strategiefindung müssen die weiteren Marktteilnehmer grundsätzlich bekannt sein. Je mehr Informationen vorliegen, desto besser lässt sich eine eigene Strategie aufbauen. Besondere Vorteile bestehen dann, wenn gesicherte Informationen über die Stärken und Schwächen der übrigen Marktteilnehmer vorliegen. Bei längerfristiger Beobachtung ergeben sich auch Erkenntnisse über die Zielsetzungen der anderen Marktteilnehmer und mit welchen Strategien sie diese verfolgen (KOTLER 1992: S. 331).

8.11 Werbebotschaft

Die Werbebotschaft ist ein sehr zentrales Element für den Verkaufserfolg. Hier wird festgelegt, was dem Konsumenten über die alpinen Produkte nähergebracht werden soll und wie man diese Informationen übermittelt.

Dazu ist es erforderlich, sich thematisch mit dem Produkt auseinanderzusetzen und das Verkaufsargument so zu wählen, dass es die Aufmerksamkeit und das Interesse am alpinen Produkt steigert. Es empfiehlt sich, die Werbebotschaft in besonderer Form an den Erwartungen und Ansprüchen der Zielgruppe auszurichten, um gerade diesen gewünschten Markt besonders gut zu erreichen.

Die tatsächliche Werbebotschaft und ihre zentralen Elemente sind, auch innerhalb des Rahmens der verschiedenen Alpenprodukte, nicht nach einem starren Muster zu wählen, sondern individuell anzupassen. Die Möglichkeiten, die Werbebotschaften an die Konsumenten weiterzugeben, sind sehr vielfältig.

Die Werbebotschaft kann zum Beispiel dahingehend ausgerichtet sein, grundlegende Sympathie für das Projekt eines Alpen-Labels oder der alpinen Produkte im Allgemeinen zu schaffen. Auf diesem Weg soll eine generelle Akzeptanz und Kaufmotivation beim Konsumenten geschaffen werden. Eine weitere Herangehensweise kann darin bestehen, die potentiellen Abnehmer gezielt auf ihre persönlichen Vorteile hinzuweisen, die sie erfahren, wenn sie ein alpines Produkt erwerben. Damit soll der Käuferschaft der persönliche Nutzen verdeutlicht werden, welcher ihnen nur die Lebensmittel aus den Alpen, aber kein anderes Produkt geben kann. Dieser Vorgang kann unter dem Verweis auf die Unique Selling Propostitions, welche in Zusammenhang mit der alpinen Landwirtschaft stehen, erfolgen. Die Qualität und die Nachhaltigkeit des Anbaus sind sehr gute Motive, welche Konsumenten zum Kauf des vergleichsweise teureren Alpenprodukts bewegen können (WEIS 1993: S. 354f).

8.12 Werbeformen

Um die nötigen Kaufanreize für die Alpenprodukte zu schaffen, ist die Wahl der Werbeträger eine sehr zentrale Entscheidung. In unserer Gesellschaft existieren mittlerweile zahlreiche Formen und

Möglichkeiten der Werbeplatzierung, welche sich mit dem zunehmenden Voranschreiten der Online-Technologien noch weiter vervielfältigt hat. Bei diesen Möglichkeiten unterscheidet man die klassischen Medien von den neuen Medien.

8.12.1 Klassische Medien

Die klassischen Medien umfassen vor allem, aber nicht ausschließlich den Bereich der Printmedien. Werbeanzeigen in Tageszeitungen, Postsendungen, speziellen Anzeigeblättern, Adressbüchern und Verzeichnissen wie den Gelben Seiten zielen auf den Massenmarkt ab und sind in ihrer Wirkung abhängig von der Auflagenstärke, der Verteilungsregion etc. Gemäß der Leitidee, alpine Nahrungsmittel dem Massenmarkt zugänglich zu machen, ist natürlich der Fokus nur dann auf regionale Printmedien zu lenken, wenn aus bestimmten Gründen nur in diesem speziellen Gebiet Nachfrage generiert werden soll. Ansonsten sind dementsprechend überregionale, vorzugsweise landesweit erscheinende Printmedien zu bevorzugen, um eine möglichst große Konsumentenbreite zu erreichen.

Abseits des Prints zählen auch Fernseh-, Hörfunk- und Kinowerbung zu den Vertretern der klassischen Medien. Das breiteste Publikum erreicht zweifellos die Fernsehwerbung und wäre, durch die Möglichkeit der audiovisuellen Weitergabe der alpenspezifischen Vorteile der Produktlinien an die Endkunden, nahezu ein idealer Werbeträger. Eindimensionaler hingegen zeigen sich die Werbemöglichkeiten im Hörfunk, da die visuelle Komponente komplett entfällt und das Alpen-Image nur auf verbaler Basis an den Hörer weitergegeben werden kann. Trotzdem ist, je nach Sender, eine hohe Menge an Endkunden zu erreichen. Es genügt alleine die Vorstellung, wie viele PKWs sich auf den Straßen und Autobahnen täglich fortbewegen, von denen viele das Radio auf Empfang geschaltet haben (WEIS S. 368 / 364f).

Etwas spezieller ist hingegen die Kinowerbung. Zwar ist hier die Zielgruppe rein aufs Kinopublikum beschränkt und die Werbebotschaft daher nur einer ausgewählten Menge von zahlenden Gästen zugänglich, allerdings kommt der audiovisuelle Effekt in seiner ganzen Breite zum Tragen: Neben der übergroßen Leinwand und dem klangintensiven Ton sorgen vor allem die fehlende Ablenkung und die damit verbundene hohe Konzentration auf das Gesehene und Gehörte dafür, dass die Werbebotschaft direkt beim potentiellen Käufer ankommt. Daher ist Kinowerbung sicherlich auch für alpine Produkte eine Marketingform, die durchaus nicht von vornherein abgelehnt werden sollte (ldp.de).

8.12.2 Neue Medien

Die neuen Medien, im momentanen Zeitabschnitt werden unter diesem Begriff die Online-Medien zusammengefasst, wurden im Verlauf der letzten Jahre immer stärker als Werbeplattform genutzt. Auch hier bieten sich zahlreiche unterschiedliche Werbe- und Repräsentationsmöglichkeiten an. Ein absoluter Standard und oberste Priorität besteht in dem Aufbau eines professionellen und informativen Webauftritts, welcher die gemeinschaftliche Vermarktungsorganisation bzw. das Alpen-Label beschreibt und beim Endkunden sowohl Interesse als auch Bedarf weckt. Natürlich müssen konkrete Informationen über die Produktlinien und den nachhaltigen Anbau im Zentrum dieser Homepage stehen, worauf in dieser Arbeit noch genauer eingegangen wird.

Während der Webauftritt sozusagen das Aushängeschild der Organisation ist, ähneln die weiteren Online-Werbeformen eher den klassischen Medien und sind nicht so sehr individuell nutzbar und gestaltungsfreundlich. Aber auch hier besteht durchaus die Möglichkeit des audiovisuellen Erreichens des Endkunden. Werbevideos auf fremden oder befreundeten Internetseiten können laut Forschungsergebnissen nahezu wie Fernsehwerbung mit Ton und bewegten Bildern über die Alpenprodukte informieren (www.techfieber.de).

Eine weitere Form des Online-Marketings ist die sogenannte Bannerwerbung, welche in unterschiedlichen Größen im World Wide Web eingepflegt wird. Diese meist rechteckigen Flächen bieten sowohl Platz für animierte Bildabfolgen als auch für kurzgefasste Textbeiträge. Auch hier kann mit dem Naturbild der Alpen gearbeitet werden und dem Empfänger gezielte Hinweise auf die Vorzüge der Produkte gegeben werden (www.firmenwerbung-vermarktung.de).

Die Suchmaschinenwerbung ist in diesem Sinne nicht mit den bisher genannten Werbeformen vergleichbar. Hier werden statt aufmerksamkeitserweckender Anzeigen lediglich kurze Textbeiträge als Ergebnis auf die jeweilige Suchanfrage präsentiert. Diese Werbeanzeigen sind jedoch besonders gut sichtbar präsentiert und führen mit einem Klick zur gewünschten Internetseite. In diesem Falle wäre der Webauftritt der alpinen Produkte das geeignete Ziel für diese Verlinkung (www.cpc-consulting.net).

Eine Einschränkung beim Online-Marketing liegt in der interaktiven Ausrichtung des Internets. Da der Nutzer, im Gegensatz zum Fernsehprogramm oder dem Hörfunk, kein passiver Empfänger ist, sondern aktiv seine Inhalte sucht, ist damit zu rechnen, dass die Werbebotschaft nur sehr peripher aufgenommen und in vielen Fällen „weggeklickt“ wird. Besonders „Pop-Up“-Fenster erfreuen sich keiner großen Beliebtheit und werden oft schon automatisch vom Browser geblockt. Daher ist diese Werbeform für ein Qualitätsprodukt wie die alpinen Erzeugnisse nicht ratsam (www.blog.de).

Ob klassische oder neue Medien, beide können auf eine breite Käuferschicht abzielen oder aber auch gewisse Zielgruppen ansprechen und mobilisieren. Bei den Printmedien wären diese beispielsweise über Fachzeitschriften oder themenbezogene Literatur zu erreichen. Eine Anzeige, welche die Qualitäten alpiner Lebensmittel besonders hervorhebt, wäre sicherlich für die Leser einer Autofachzeitschrift von vergleichsweise geringem Interesse gegenüber den Käufern eines Wellness-Magazins. Produkte aus den Alpenländern sind daher besonders gut in Zeitschriften denkbar, die sich den Themen Fitness, Kochen, Ernährung, Reisen und ähnlichen Bereichen widmen. Analog dazu verhält sich die Fernsehwerbung - hier gilt es ebenfalls darauf zu achten, in welchem Sendeumfeld die Alpenwerbung ausgestrahlt werden soll, um größtmögliches Interesse bei den Endkunden zu wecken.

8.13 Werbezeitraum

Auch beim Zeitpunkt bzw. der Zeitabfolge der Marketingoffensiven bestehen viele Varianten, die weitestgehend von der unternehmerischen Taktik geprägt sind.

Zum einen besteht die Möglichkeit, Werbemaßnahmen lediglich auf einmaliger Basis durchzuführen. Diese werden für gewöhnlich sehr intensiv betrieben und sind zeitlich begrenzt. Die alpinen Lebensmittel lassen sich aber auch kontinuierlich bewerben. Dies können tägliche Schaltungen, aber auch lediglich wöchentliche oder monatliche Aktionen sein.

Sehr flexibel und punktuell hingegen zeigen sich intermittierende Werbeaktionen. Die Zeitabstände sind hierbei willkürlich und unregelmäßig gewählt, die Intensität der Werbeaktionen ist jedoch sehr stark. In der Praxis hängt die Dosierung der Werbemaßnahmen von den zu bewerbenden Produkten, der Konkurrenzsituation, der Marktlage und vielen weiteren Faktoren ab. Ferner erweist sich besonders in der Neueinführungsphase eines Produkts eine intensive Werbeaktion als notwendig. Damit wird möglichst schnell ein hoher Bekanntheitsgrad erreicht, welcher sich dann durch kontinuierliche und weniger intensive Werbemaßnahmen untermauern lässt (WEIS 1993: S. 382f)

8.14 Werbedurchführung

Der wesentliche und entscheidende Teil des Marketings ist letztendlich die Werbedurchführung. Hierbei ist es in der Praxis Usus, die Werbemaßnahmen einer externen Agentur zu übergeben, da interne Kräfte für diese Aufgaben meist nicht entsprechend geschult sind.

Natürlich ist es durchaus möglich, internen Kräften diese Aufgaben zu übergeben. Davor sollte jedoch dringend geprüft werden, ob die Organisation über entsprechende Ressourcen verfügt, um ein derart komplexes und umfassendes Marketingvorhaben wie die Umsetzung eines Alpen-Labels und die Einführung alpiner Lebensmittel gestalten und verwirklichen zu können.

Darüber hinaus sind auch Mischkombinationen möglich. Dies würde bedeuten, das die Marketingdurchführung beispielsweise zu einem Teil innerhalb der Organisation des Alpen-Labels behandelt, zum anderen Teil von externen Dienstleistern durchgeführt wird. Diese Kombination ist im Falle der Vermarktung alpiner Produkte durchaus denkbar, da sich somit Kompetenzen gut ergänzen können: Während der Werbedienstleister über das notwendige Know-How im Marketing und am Markt verfügt, ist die Organisation hinter den Alpenprodukten nahe an den Erzeugern selbst und kennt sowohl die notwendigen Hintergründe der alpinen Kultur als auch die genauen Details zu Produktionsstätten, Produktionsabläufen und viele weitere Details, welche die Endkunden zum Kauf bzw. zur Mehrausgabe für die Qualitätsprodukte aus den Alpenländern bewegen können. (WEIS 1993: S. 385)

8.15 Werbeetat

Die finanzielle Situation ist ein kritisches Themengebiet bei der alpinen Vermarktung, da exorbitant hohe Mittel aller Voraussicht nach nicht zur Verfügung stehen werden und daher sorgfältig und gewissenhaft eingeteilt werden müssen. Andererseits darf natürlich nicht am falschen Ende gespart werden, da der Erfolg der alpinen Vermarktung auf dem Massenmarkt ganz entscheidend von dem richtigen Einsatz der Werbung geprägt sein wird.

Daher ist eine ausgabenorientierte Herangehensweise vom jetzigen Zeitpunkt aus gesehen eine sichere Basis, um Werbekosten und Werbeerfolg beurteilen zu können. Mit dieser Methode werden lediglich die vorhanden finanziellen Mittel, beziehungsweise der extra ausgeschriebene Werbeetat, für die Werbemaßnahmen herangezogen. Der entscheidende Nachteil der Ausgabenbegrenzung im Vorfeld liegt in den beschränkten Möglichkeiten, die definierten Ziele zu erreichen. Setzt man beispielsweise voraus, dass die vermarkteten alpinen Produkte nach einer gewissen Zeitspanne einen bestimmten Bekanntheitsgrad unter den Konsumenten erreicht haben sollen, können bei der ausgabenorientierten Herangehensweise die (festgelegten) finanziellen Möglichkeiten bereits vor dem Erreichen dieser Zielsetzung erschöpft sein.

Das Gegenteil zu den ausgabenorientierten Methoden stellt die zielorientierte Methode dar. Hierbei werden die finanziellen Mittel nicht im Vorfeld begrenzt, sondern richten sich nach den anfallenden Kosten bei der Umsetzung der gesteckten Marketingziele. Diese Methode macht es im Grunde genommen erst möglich, den Werbeetat festzulegen. Von hoher Wichtigkeit ist bei der zielorientierten Herangehensweise, dass die Werbeziele so klar wie möglich definiert sind, um eine möglichst präzise Kostenkalkulation erstellen zu können.

Eine weitere denkbare Methode zu Festlegung des Werbeetats besteht darin, einen festgelegten Prozentsatz vom Umsatz, beziehungsweise des Gewinns, für die Werbeausgaben zu verwenden. Da dies erst möglich wird, wenn erste Gewinne bei der organisierten alpinen Vermarktung realisiert sind, wird die prozentsatzorientierte Methode an dieser Stelle nicht näher ausgeführt.

Genauere Betrachtung hingegen verdient die konkurrenzorientierte Methode, bei welcher sich die Ausgaben für das alpine Marketing in erster Linie an dem Werbeaufkommen der Konkurrenz orientiert. Die spezifische Situation der Organisation der alpinen Vermarktung bleibt dabei vergleichsweise unbeachtet, auch die eigenen Werbeziele werden der Konkurrenzorientierung untergeordnet. Auch im finanziellen Bereich werden keine strikten Begrenzungen eingehalten, sondern der kalkulierte Werbeetat der Konkurrenz wird so genau wie möglich kalkuliert und übernommen, um am Markt und im Bewusstsein der Verbraucher nicht ins Hintertreffen zu geraten und die eigene Position am Markt zu sichern oder gegebenenfalls sogar auszubauen (WEIS 1993: S. 352f).

8.16 Werbezielsetzung

Mit einer Marketingkampagne lassen sich mitunter sehr verschiedene Ziele ansteuern, welche letztendlich alle das unternehmerische Hauptziel des Absatzes und damit des Gewinns verfolgen, in der Vorgehensweise, die das Erreichen dieses Ziels gewährleisten soll, jedoch unterschiedlich angelegt sind.

Ein erklärtes Werbeziel kann beispielsweise in der reinen Bekanntmachung von Produkten liegen. Gerade das Sortiment an alpinen Produkten, welches in der noch theoretischen Form eines Alpen-Labels auf den Massenmarkt treten könnte, wäre dem Verbraucher bis dahin nicht bekannt und würde womöglich in der Produktvielfalt eines Supermarktes nicht wahrgenommen werden. Gezielte Werbemaßnahmen könnten begleitend zur Produkteinführung den Konsumenten für das neue Sortiment an alpinen Qualitätsnahrungsmitteln sensibilisieren und damit einen gewissen Erinnerungseffekt auslösen, der im Idealfall dazu führt, sich mit dem Produkt zu beschäftigen.

Doch auch wenn sich das Alpen-Label am Markt etabliert hat, sind Werbemaßnahmen zur Förderung des Bekanntheitsgrades nicht überflüssig oder fehlinvestiert, da dieser Status damit erhalten oder erhöht werden kann und nicht von Werbemaßnahmen der Konkurrenz aus dem Bewusstsein der Käufer verdrängt wird.

Eine andere Zielsetzung besteht darin, gezielt über die Lebensmittel aus den Alpen zu informieren. Dabei bietet sich die Gelegenheit, über die individuellen Vorteile der alpinen Produkte gegenüber den sonstigen Nahrungsmitteln aufzuklären. Hier muss ganz besonders darauf geachtet werden, dass dem Verbraucher dass Kosten-Nutzen-Verhältnis richtig vermittelt wird und dieser die Vorzüge des Alpenprodukts gegenüber der Massenware erkennt und verinnerlicht.

Werbemaßnahmen können auch gezielt dazu verwendet werden, das Image oder das Vertrauen in ein Produkt oder Unternehmen zu stärken. Der Sympathiewert beim Verbraucher kann unter Umständen ausschlaggebend dafür sein, dass dieser bei der Kaufentscheidung seine Wahl zugunsten des alpinen Produkts trifft oder sich doch für die Konkurrenzware entscheidet. (WEIS 1993: S. 352)

8.17 Homepage

Mittlerweile ist ein eigener Webauftritt selbst zur reinen privaten Kontaktfindung und -pflege für viele Menschen ein Standard. Betreibt man ein Gewerbe und will andere Menschen auf sich und seine Produkte oder Dienstleistungen aufmerksam machen, ist eine eigene Webseite heutzutage unverzichtbar geworden.

Abb. 7 Die Homepage der Molkerei Berchtesgardener Land

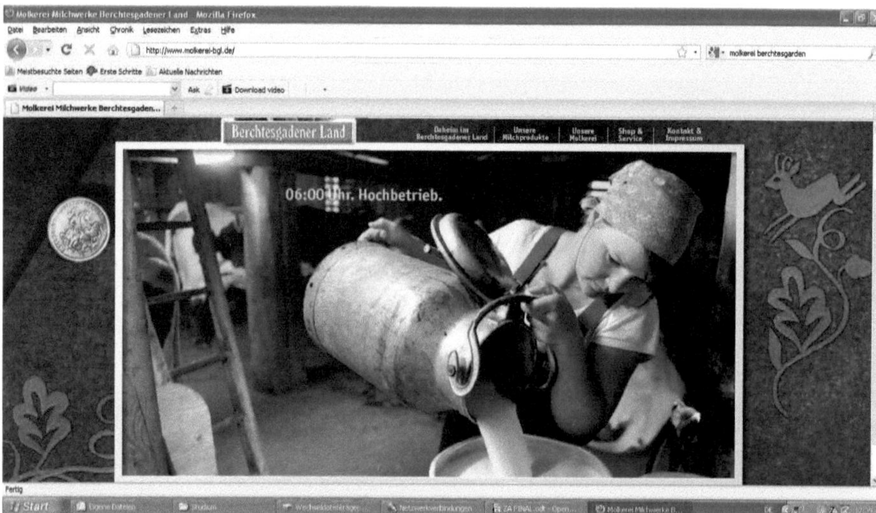

http://www.molkerei-bgl.de/

Für die Vermarktung der alpinen Lebensmittel ist ein gelungener Webauftritt von großem Vorteil, da hier mit vielen visuellen, akustischen und inhaltlichen Mitteln die Botschaft des Alpen-Labels vermittelt werden kann. Abb. 7 zeigt am Beispiel der Molkerei Berchtesgardener Land, welche Eindrücke sich dem Konsumenten auf der Homepage vermitteln lassen. Hier handelt es sich um eine Abfolge von Bildern (Slideshow), welche den Tagesablauf auf der Alm aus Sicht einer jungen Bäuerin beschreiben. Dabei legen die Betreiber großen Wert auf die Präsentation der alpinen Idylle und die traditionelle Form der Zubereitung.

Fast alle Regeln, welche im herkömmlichen Marketing zutreffend sind, können auch auf die Firmenwebseite übertragen werden. Die richtig gewählte Werbeintensität in Kombination mit einer hohen Breite an nützlichen Informationen über die alpinen Produkte, die Qualitätsmarke und ähnliches steigert die Chancen, von den Konsumenten im Netz gefunden zu werden. Deshalb sollte die Gestaltung der Webseite auch von professionellen Experten erstellt werden.

8.17.1 Die Webseite des Alpen-Labels als Aushängeschild

Durch die Gestaltung ziehen potentielle Kunden eine erste Bilanz über die Vertrauenswürdigkeit und Seriosität des Alpen-Labels. Daher ist es für die Organisation unablässlich, die eigene Betrachtungsweise der Homepage hinten anzustellen, sich ganz in den Kunden hinein zu versetzen und sich dessen Sichtweise anzueignen.

Sieht man die Firmen-Webseite durch die Augen des potentiellen Kunden, wird sehr schnell klar, dass der Informationsgehalt der Page mit Bedacht ausgewählt werden muss. Das bedeutet für den Inhalt, den sogenannten „Content“, dass dieser zwar ausführlich, jedoch aber auch soweit begrenzt und verständlich gehalten werden sollte, dass sich der Kunde nicht von vornherein mit den Informationen über die alpine Landwirtschaft überfordert fühlt. Die Information über die Leistungen, Produkte und Preise müssen daher schnell und in kompakter Form für den Verbraucher einzusehen sein. Vor allem die Kontaktinformationen müssen ausführlich eingepflegt sein, ein Impressum ist laut dem Telemediengesetz in Deutschland verpflichtend.

8.17.2 Design der Firmen-Homepage

Generell sollte bei der Erstellung von Werbemitteln aller Art, insbesondere beim Logo des Alpen-Labels, sehr großer Wert auf das Corporate Design, also auf den einheitlichen Rahmen bei der optischen Gestaltung gelegt werden. Auch bei der Homepage sollte diese konsequent eingehalten werden, um eine sofortige Identifizierung beim Kunden zu erreichen. In erster Linie besteht das Corporate Design aus einer gewissen Farbauswahl, welche oft vom Firmenlogo und dessen Colorationen bestimmt ist. Auch ohne dieses Firmenlogo auf allen Seiten der Firmen-Homepage zu verwenden, sollte zumindest dies Farbgebung eingehalten und Abweichungen nach Möglichkeit vermieden werden.

Eine Abweichung vom Corporate Design, vor allem innerhalb der Firmen-Webseite, kann eine gewisse Verwirrung beim Kunden auslösen. In Härtefällen kann bei veränderten Farbschemata auch Assoziationen mit der Konkurrenz oder anderen Produkten am Markt ausgelöst werden, was es auf jeden Fall zu vermeiden gilt.

8.17.3 Keywords – Der Schlüssel zur Firmen-Webseite

Bereits in einem sehr frühzeitigen Konzipierungsstatus der Firmen-Homepage ist eine Festlegung von gewissen Schlüsselwörtern, im Fachjargon „Keywords" genannt, notwendig, welche die Homepage charakterisieren sollen. Bei der Wahl dieser Keywords sollte berücksichtigt werden, dass diese soweit wie möglich den Sucheingaben entsprechen, welche potentielle Kunden und Interessenten in die Suchmaschinen voraussichtlich eingeben werden. Diese Schlüsselwörter stellen eine extrem hohe Bedeutung für die Homepage dar, weil diese von den Internet-Suchmaschinen gefunden werden und den Interessenten direkt zur gewünschten Seite weiterleiten.

Dabei ist ein gewisses Fingerspitzengefühl notwenig, und es ist von hoher Bedeutung, sich dabei in die Kunden und die ausgewählte Zielgruppe hineinversetzen zu können. Diese Einschätzung sollte Grundlage für die Wahl der Keywords sein. Die Keywords sind sowohl in der Domain (z.B. www.Alpin-Produkte.de), als auch im Titel der Firmen-Homepage und dem eigentlichen Textinhalt der Webseite einzupflegen. Allerdings führt die exorbitante Anhäufung von Keywords nicht zwangsweise zu höheren Erfolgschancen, die Firmen-Homepage einer breiten Online-Öffentlichkeit zugänglich zu machen. Eher im Gegenteil: Bei einer auffälligen Häufung der Schlüsselwörter sind die Suchmaschinen so programmiert, diese zu erkennen und aufgrund des Verdachts von aggressiver Werbung, Betrug oder ähnlichem von dem Erscheinen in der Ergebnisliste auszuschließen. Für einen möglichst optimalen Erfolg der Firmen-Webseite bei den Suchmaschinen können auch externe Agenturen eingesetzt werden, welche auf die Optimierung von Firmen-Webseiten und Keywords spezialisiert sind und mit verschiedene Tricks die Popularität der Homepage erhöhen, ohne dabei die Suchmaschinenregeln zu brechen (www.scheerer-software.de).

8.17.4 Kennzeichen für die Kundengewinnung

Eine Kundengewinnung ist erst dann ein Erfolg, wenn diese auch nachprüfbar und bestätigt ist. Im Netz ist diese Auswertung aufgrund der zuverlässigen statistischen Erfassung leicht möglich. Die Kennzahlen für diese Feststellungen sind vielfältig.

Zum einen erlauben die Zugriffsstatistiken, die Verweildauer der Besucher auf den einzelnen Seiten des Webauftritts zu messen. Auch wenn dieser Wert natürlich auch nicht immer repräsentativ ist für das tatsächliche Interesse des Konsumenten, lassen sich dennoch Rückschlüsse auf das Interesse der Kunden für die Homepage des Alpen-Labels und ziehen und Durchschnittswerte ermitteln.

Auch die Herkunft der Besuche ist für das Unternehmen feststellbar. So kann überprüft werden, in welchen Regionen oder Ländern besonders viel Interesse an den alpinen Produkten oder Dienstleistungen besteht, und dementsprechend gezieltes Marketing zur Neukundengewinnung betrieben werden.

Ferner ist es für die Analyse des Marketingerfolgs und der Kundengewinnung sehr vorteilhaft, Informationen über die Wiederkehr der Besucher auf der Internetseite zu ermitteln. Die Kennzahlen geben Aufschluss darüber, ob die Kunden ein kurzes, einmaliges Interesse hatten oder langfristiges Interesse an der Entwicklung der Qualitätsmarke und seines Angebots an landwirtschaftlichen Erzeugnissen besteht (www.intares.net).

8.18 Online-Shop: Eine Chance für den alpinen Lebensmittelabsatz?

Eine sehr gute Option, die Präsentation der alpinen Qualitätsmarke direkt mit dem Absatz zu verbinden, ist die Einrichtung eines Online-Shops. Das durch einen gepflegten Webauftritt entstandene Interesse und Produktbegehren beim Kunden kann somit direkt in ein Kaufverhalten übergehen, ohne dass dieser in der Zwischenzeit von anderen Einflüssen abgelenkt wird oder aufgrund der regionalen Distanz das Kaufverhalten als zu umständlich betrachtet, wie es beim herkömmlichen Absatzmarkt der Fall wäre.

Auch die Ladenöffnungszeiten stehen den potentiellen Konsumenten nicht im Weg. Der Online-Shop bietet im Gegensatz zum Einzelhandel die Möglichkeit, rund um die Uhr Bestellungen aufzunehmen.

Ein wesentlicher Vorteil bei dem Vertrieb über einen Online-Shop besteht somit in der Möglichkeit des überregionalen und sogar weltweiten Absatzes, der hervorragend mit dem internationalen Anspruch der Label-Homepage in Einklang zu bringen ist. Im Vergleich zum herkömmlichen Absatz ist ein globales Agieren mit vergleichweise geringem Aufwand möglich. Dazu ist es, analog zur Firmenhomepage, nötig, den Online-Shop multilingual zu gestalten und die Qualitätsprodukte in der jeweiligen Landessprache vorzustellen, um Kunden weltweit von den Vorzügen des Angebots überzeugen zu können.

Auch Änderungen und Erweiterungen des Produktsortiments können mittels eines Online-Shops sehr einfach eingepflegt und aktualisiert werden. Der Kundenkontakt ist bei Produktfragen und anderen Anliegen ebenfalls sehr komfortabel und schnell zu bewerkstelligen, da Fragen mittels Kontaktformularen, Emails oder auch dem Telefon direkt und schnell gestellt und bei entsprechendem Einsatz von Arbeitskräften auch sofort beantwortet werden können.

Letztlich profitiert aber auch das Offline-Geschäft, der übliche regionale und überregionale Absatz, vom Aufbau eines Online-Shops. Gerade Personen, die einer Kaufabwicklung über das Internet noch skeptisch gegenüberstehen, haben online die Möglichkeit sich zu informieren und sich mit den Produkten auseinanderzusetzen. Dies steigert den Wiedererkennungswert und kann sich positiv auf die Kaufentscheidung des Konsumenten auswirken, wenn dieser dem alpinen Erzeugnisse im Handel begegnet (www.dein-webshop.de).

Natürlich ist der Online-Shop trotz vieler Vorteile kein vollständiger Ersatz für den herkömmlichen Absatz. Sehr viele Kunden ziehen immer noch den herkömmlichen Erwerb im Einzelhandel vor und zeigen sich skeptisch gegenüber Bezahlvorgängen im Internet. Denn für den ungeübten Internetnutzer erscheint der Gesamtablauf im Online-Shop oft noch fremd und kompliziert.
Dies begründet sich unter anderem darin, dass die Bestellabwicklung im Netz aufgrund der diversen erforderlichen Eingaben ungleich komplizierter abläuft als ein Erwerb direkt im örtlichen Geschäft (de.statista.com).

Ein wesentlicher Teil beruht auch auf der Angst vor unseriösen Händlern im Internet, welche trotz einem einwandfreien Webauftritt in betrügerischer Absicht handeln. Bei der Angabe von Bank- und Kontodaten im Netz befürchten Nutzer zudem, dass diese vertraulichen Informationen für Dritte im Internet einsehbar sind und für missbräuchliche Zwecke verwendet werden können.

Außerdem fehlt vielen Kunden der Erlebnisfaktor, wenn sie Waren über das Internet bestellen. Während im Geschäft die Möglichkeit besteht, die Ware selbst in der Hand zu haben und möglicherweise sogar zu probieren, ist die Bestellung im Internet dagegen sehr anonym und der Käufer ist allein auf beschränkte visuelle Eindrücke angewiesen. Dieser Effekt unterscheidet sich natürlich von Produktgruppe zu Produktgruppe – wo bei technischen Geräten ein rein visuelles Bild verbunden mit den technischen Daten meistens ausreicht, ist der Wert der hochqualitativen alpinen Lebensmitteln natürlich nicht in einem Bild darzustellen, sondern muss von Einzelstück zu Einzelstück individuell entschieden werden.

Besonders im Zusammenhang mit der Qualität und Frische der Lebensmittel ist zu beachten, dass der Versand der im Online-Shop bestellten Erzeugnisse aufgrund der Verderblichkeit oft möglichst schnell erfolgen muss. Besonders hochqualitative Ware kann unter langen Exportwegen leiden. Deshalb ist in dieser Branche die Überlegung angebracht, ob man diesen logistischen Anforderungen nachkommen kann oder es doch sinnvoller ist, den Versand auf gewisse Länder oder Regionen zu beschränken. Bei Qualitätsmängeln kann der Ruf des Unternehmens leichtfertig aufs Spiel gesetzt werden. (www.test.de)

9. Alpine Qualitätsmarken – Modelle in der Praxis

Alpine Qualitätsmarken sind kein Novum, auch wenn die zugehörigen Unternehmen nicht so international und alpenübergreifend agieren wie es die Vision des Alpen-Labels vorsieht. Einige ausgewählte Marken werden hier gemäß ihrer Eigendarstellung kurz vorgestellt.

9.1 KOVIEH

Die bäuerliche Vermarktungsorganisation KOVIEH befasst sich mit dem Vertrieb von landwirtschaftlichen Fleischerzeugnissen. Unter Anwendung hoher Qualitätsmaßstäbe wird das Fleisch schließlich bei ausgewählten Metzgereien fachmännisch verarbeitet und unter dem Siegel „Südtiroler Qualitätsfleisch“ verkauft.

Abb. 8 Die Qualitätsmarke KOVIEH – Südtiroler Qualitätsfleisch

http://www.kovieh.com/de/

Die Fütterung der Tiere findet unter genauen Vorschriften statt. Ferner ist die Herkunft der Erzeugnisse über die Homepage mittels einer Code-Eingabe genau nachzuvollziehen und rückzuverfolgen. Die Transparenz wird ferner dadurch gewährleistet, indem die Standorte der Bauernhöfe in Burggrafenamt, Eissacktal, Pustertal, Saltern-Schlern und Vinschgau auf der Internetseite von KOVIEH für Interessierte auf GoogleEarth-Karten verzeichnet sind (www.kovieh.com).

9.2 Molkerei Berchtesgadener Land

Die Molkerei Berchtesgadener Land wurde 1927 aus Piding von einigen Bauern gegründet. Der Hintergrund dafür bestand in dem Gedanken, die erzeugte Rohmilch nicht nur direkt zu verkaufen, sondern sie auf traditionelle Art und Weise selbst zu verarbeiten.

Dadurch entstehen sehr viele unterschiedliche Endprodukte: Von Frischmilch über H-Milch,

Joghurt, Buttermilch bis hin zu Sauerrahm und Butter erstreckt sich das vielfältige Sortiment, welche unter verschiedenen Produktmarken vertrieben werden. Die Produkte finden sowohl im konventionellen Lebensmittelgroßhandel als auch im Naturkostgroßhandel ihren Absatz und werden nach Österreich, Italien, England, Spanien, Portugal, Griechenland, Ungarn und die Benelux-Staaten exportiert.

Abb. 9 Die Qualitätsmarke der Molkerei Berchtesgardener Land

http://www.molkerei-bgl.de/

Die Molkerei Berchtesgadener Land sieht ihren Markterfolg vor allem in ihrer genossenschaftlichen Organisation und der Liebe zur Milchproduktion. Trotz der hohen Orientierung an der traditionellen Produktion wird der technische Fortschritt zur weiteren Qualitätssteigerung in das Unternehmen eingebracht.

Dadurch kann die Herstellung auf besonders schonende Weise erfolgen und den strengen Qualitäts- und Hygieneansprüchen genügen. Diese werden nicht nur intern, sondern auch von Fachleuten außerhalb des Unternehmens kontrolliert und an verschiedene Lebensmittelstandards ausgerichtet. Auch die Fachpresse weiß dieses Engagement zu würdigen, was die positiven Testergebnisse von namhaften Institutionen wie „Stiftung Warentest“ und „Ökotest“ belegen (www.bergbauernmilch.de).

9.3 So schmecken die Berge

Seit den 90er Jahren engagiert sich der deutsche Alpenverein DAV für das Direktmarketing landwirtschaftlicher Produkte auf den Hütten des Alpenvereins. Mit der Kampagne "So schmecken die Berge" wird diesem Vorhaben ein Profil und eine gewisse Identität in Form des charakteristischen „Kuh-Logos“ gegeben.

Abb. 10 Das Logo der DAV-Initiative „So schmecken die Berge“

http://www.alpenverein.at/huetten/LizumerHuette/Schmecken_Berge_Schild_4C.jpg

Die Erhaltung der alpinen Kulturlandschaft und die Stärkung der regionalen Kulturkreisläufe stehen dabei im Zentrum der Zielsetzungen des Alpenvereins. Ferner sollen die Absatzwege verkürzt und Bergbauern und Hüttenwirte damit direkt unterstützt werden. Die Bauern, die mit ihrer Leistung den Kultur- und Erholungswert der Landschaft pflegen, können ihre Erzeugnisse somit zu einem angemessenen Preis verkaufen. Die Hüttenbesitzer können mit der Teilnahme an der Kampagne und der Präsentation des „Kuh-Logos“ für sich und die regionalen Getränke und Gerichte werben. Auch für die Gäste ist dies lohnenswert, da sie im Urlaub direkt die Erzeugnisse der Region kennenlernen können (alpenverein.de).

9.4 BergBauer

Das Unternehmen Bergbauer setzt in seiner Unternehmensphilosophie auf das steigende Bedürfnis der Konsumenten, über die Herkunft der Lebensmittel im Klaren zu sein. Schwerpunkt ist auch hier die traditionell orientierte Produktionsweise nach alten Rezepten und die daraus resultierende

Qualitätsorientierung. Die Tiere werden artgerecht auf der Alm gehalten und der Erhalt der alpinen Kulturlandschaft wird als wichtiges Ziel betrachtet.

Die Erzeugnisse stammen direkt aus der naturnahen Landwirtschaft. Zu den Anbaugebieten gehören der Kaiserwinkl am Fuße des Wilden Kaisers, das Zillertal, das Alpbachtal, der Nationalpark Hohe Tauern und das Areal vom Bregenzer Wald bis zum Montafon.

Der Absatz findet in den bekannten Lebensmittelketten in ganz Österreich statt. Des weiteren werden Restaurants, auch teilweise die Spitzengastronomie, mit BergBauer-Produkten beliefert. Auch der Export gewinnt zunehmend an Bedeutung für dieses Unternehmen. Vorschläge für eigene Produktkreationen sind bei BergBauer willkommen, bei innovativen Ideen kann ein Betrieb auf eine Vermarktung unter dem Firmen-Label hoffen.

Dir Bergbauer-Produkte umfassen verschiedene Milch- und Käsespezialitäten, Speck- und Wurstwaren sowie verschiedenen Naturbrotsorten (www.bergbauer.at).

Abb. 11 Die Qualitätsmarke „BergBauer“

http://www.bergbauer.at/

10. Zusammenfassung

Die vorliegende Arbeit hat verdeutlicht, dass der primäre Sektor im Alpenraum mit der Quantität der landwirtschaftlichen Erzeugnisse dem Massenmarkt nicht gewachsen ist. Der biologische Anbau von hochqualitativen Produkten ist somit ein vielversprechender und nahezu alternativloser Weg, den Absatz des Agrarsektors zu stabilisieren. Das durchweg positive Image des Alpenraumes bei jungen und alten Menschen in Europa bietet eine gute Basis für eine überregionale Vermarktung. An diese Gedanken setzt die Theorie einer alpenübergreifenden Vermarktung unter einer Qualitätsmarke an, welche hochwertige Erzeugnisse großflächig vertreiben soll. Während aufgrund des Produktionsvolumens zwar vorrangig größere Betriebe ihre Produkte international absetzen können, werden auch kleinere Höfe in das System integriert und können durch die Popularität des Alpen-Labels ihren regionalen Absatz steigern.

Sowohl die Finanzierungsfragen als auch die Zusammensetzung der Entscheidungsträger scheinen die Kernprobleme bei der Umsetzung darzustellen. Ohne eine politische Partizipation der Alpenländer wird die Vision der gesamtalpinen Vermarktung nur schwer umzusetzen zu sein. Zusätzlich sind wirtschaftskompetente Sachverständige nötig, welche über das nötige Know-How in Absatz, Marketing und anderen ökonomischen Fachgebieten verfügen.

Auch die verschieden Alpenvereinigung verfügen über profundes Wissen und praktische Erfahrung, welche zum Erfolg des Alpen-Labels beitragen kann. Grundvoraussetzung dafür ist, dass der zentrale Gedanke bei allen Beteiligten nicht der Eigennutz oder der persönliche Vorteil, sondern nur das Wohl und der Erhalt der alpinen Kulturlandschaft und ihrer ökonomischen Leistungsfähigkeit ist.

Ist die Organisationsphase abgeschlossen und das Alpen-Label handlungsfähig, müssen die Erzeugnisse unter dem Einsatz von geeigneten Marketingmethoden im Bewusstsein der Konsumenten verankert werden. Dabei ist die Abgrenzung vom Massenmarkt und die strikte Orientierung an höchsten Qualitätsmaßstäben von zentraler Bedeutung und muss dem Konsumenten nachvollziehbar präsentiert werden, damit diese letztlich den alpinen Produkten den Vorzug gegenüber den üblichen Lebensmitteln geben. Da der Trend weiter in Richtung Bio-Produkte geht, steht der Alpenraum mit einer länderübergreifenden Vermarktung vor einer großen Chance.

11. Literatur

BÄTZING, W.: Orte guten Lebens. Zürich 2009

BÄTZING,W.: Kleines Alpenlexikon, München 1997

HORNUNG, D., RÖTHLISBERGER T.: Die Bergregionen der Schweiz. Neuchatel 2005

KOTLER, PH.: Marketing-Management. Stuttgart 1992

MEFFERT, H.: Marketing. Grundlagen der Absatzpolitik. Wiesbaden 1993

NUSSER, H: Ausgewählte Probleme der schweizer und österreichischen Alpen. In: Geographie kompakt: Bd. 68. 1997

WEIS, H.: Marketing. Ludwigshafen /Rhein 1993

WIDMANN, T. : Produktions- und Marketingstrategien für die Berglandwirtschaft. In: Land- und Forstwirtschaft im Alpenraum , Heft Nr. 26, 1996

World Wide Web

http://de.statista.com/statistik/daten/studie/12859/umfrage/nachteile-des-online-shopping-2009/

download am 12.2.2010

http://de.encarta.msn.com/fact_631504871/Schweiz.html

download am 14.2.2010

http://www.alpconv.org/home/index_de

download am 14.2.2010

http://www.alpenallianz.org/de/good-practice

download am 2.2.2010

http://www.alpenallianz.org/de/ueber-allianz-in-den-alpen

download am 4.3.2010

http://www.alpenallianz.org/de/ueber-allianz-in-den-alpen/leitbild

download am 12.2.2010

http://www.bergbauer.at/web/index.php?page=5428&f=1&i=5428

download am 5.2.2010

http://www.alpenverein.de/template_loader.php?tplpage_id=271

download am 11.1.2010

http://www.alpenverein.de/template_loader.php?tplpage_id=4#Leitbild
download am 23.3.2010
http://www.bergbauer.at/web/index.php?page=25580&f=1&i=25580
download am 19.1.2010
http://www.bergbauernmilch.de/bb_daheim_im_bgl.html?current_mp=2
download am 19.1.2010
http://www.bergbauernmilch.de/bb_molkerei.html?current_mp=4
download am 19.1.2010
http://www.bergbauernmilch.de/bb_molkerei_qualitaet.html?current_mp=36
download am 19.1.2010
http://www.bergbauernmilch.de/bb_unsere_bergbauern.html?current_mp=16&SYS_MNS03_00_expand=16
download am 19.1.2010
http://www.bergbauernmilch.de/index.php?View=bb_zahlen_fakten&current_mp=41
download am 12.2.2010
http://www.bergbauernmilch.de/index.php?View=bb_auszeichnungen&current_mp=50
download am 19.1.2010
http://www.blog.de/tb/a/r/e-business/lohnt-banner-werbung-popup-werbung/4549405/
download am 18.2.2010
http://www.cipra.org/de/CIPRA
download am 22.32010
http://www.coocoi.com/pdf/de/Forschung_Entwicklung/Die_Landwirtschaft_im_Alpenraum_aus_der_%20Sicht_des_Marketings_KW.pdf
download am 1.2.2010
http://www.cpc-consulting.net/Google-Adwords
download am 14.32010
http://www.dein-webshop.de/vorteile-fuer-unternehmen.html
download am 14.3.2010
http://www.euranet.eu/ger/Heute-in-Europa/Heute-in-Europa/German/Bio-Produkte-in-Europa-die-Daten-und-Fakten
download am 1.2.2010
http://www.firmenwerbung-vermarktung.de/vorteile_und_nachteile_bannerwerbung.html
download am 19.2.2010
http://www.intares.net/webstatistik/webstatistik_kunden_gewinnen.html

download am 1.3.2010

http://www.kovieh.com/de/

download am 21.2.2010

http://www.kovieh.com/de/suedtiroler-qualitaetsfleisch/herkunft/

download am 12.1.2010

http://www.kovieh.com/de/suedtiroler-qualitaetsfleisch/tierhaltung/

download am 12.1.2010

http://www.kovieh.com/de/suedtiroler-qualitaetsfleisch/rueckverfolgbarkeit/

download am 12.1.2010

http://www.kovieh.com/de/versteigerungen/unternehmen/

download am 12.1.2010

http://ldp.de/kino.html

download am 14.4.2010

http://www.scheerer-software.de/

download am 19.3.2010

http://www.scheerer-software.de/auswirkungen-einer-firmen-homepage.html

download am 19.3.2010

http://www.scheerer-software.de/firmen-homepage-im-corporate-design.html

download am 19.3.2010

http://www.scheerer-software.de/globale-natur-einer-firmen-homepage.html

download am 19.3.2010

http://www.scheerer-software.de/professionelle-firmen-homepage.html

download am 19.3.2010

http://www.scheerer-software.de/schluesselwoerter-einer-firmen-homepage.html

download am 19.3.2010

http://www.scheerer-software.de/firmen-homepage-erfolgreich-bewerben.html

download am 19.3.2010

http://www.tagesschau.de/wirtschaft/meldung140070.html

download am 12.3.2010

http://www.techfieber.de/2009/09/17/werbung-tv-und-internet-spots-scheinbar-gleich-effizient/

download am 11.1.2010

http://www.test.de/themen/computer-telefon/special/Einkaufen-im-Internet-Klick-gehabt-1325434-2325434/

download am 16.3.2010

Interviews

BÄTZING, W.: Interview mit Prof. Dr. Werner Bätzing am 16.3.2010

BRUNNER, S.: Telefoninterview mit Sabine Brunner am 16.3.2010